NOUVELLE THÉORIE

DES

SCIENCES PHYSIQUES

UNITÉ DE LA MATIÈRE — ÉTUDE DES FLUIDES

FORCE — TRAVAIL

ÉNERGIES RAYONNANTES — ÉLECTRICITÉ

PAR

M. LACHAUD

INGÉNIEUR E. P. C.

PARIS (VIᵉ)

H. DUNOD ET E. PINAT, ÉDITEURS

47 et 49, QUAI DES GRANDS-AUGUSTINS

—

1910

NOUVELLE THÉORIE

DES

SCIENCES PHYSIQUES

NOUVELLE THÉORIE

DES

SCIENCES PHYSIQUES

UNITÉ DE LA MATIÈRE — ÉTUDE DES FLUIDES

FORCE — TRAVAIL

ÉNERGIES RAYONNANTES — ÉLECTRICITÉ

PAR

M. LACHAUD

INGÉNIEUR E. P. C.

PARIS (VIᵉ)

H. DUNOD ET E. PINAT, ÉDITEURS

47 et 49, QUAI DES GRANDS-AUGUSTINS

1910

INTRODUCTION

La science actuelle admet que toutes les molécules matérielles, qui composent les corps, sont baignées par un fluide très subtil, l'éther, dans lequel les perturbations se déplacent avec une vitesse énorme, celle de la lumière.

Il paraissait bien évident qu'un corps d'une pareille vitesse d'action ne devait pas être une quantité négligeable au point de vue de la physique, et beaucoup de personnes ont vu dans ce fluide, l'origine de toutes nos forces.

Par contre, toutes les tentatives faites pour expliquer la physique en partant de l'éther ont échoué, et pourtant elles ont été nombreuses.

La cause de tous les échecs peut s'expliquer simplement ; on a voulu donner à l'éther une force vive, or cette force vive qui trouble tout, est simplement pour nos molécules matérielles le résultat de l'action de l'éther, qui lui n'a pas de force vive et est caractérisé par ses deux propriétés, masse et vitesse. C'est un gaz un peu spécial, voilà tout, mais cela suffit à modifier tous les calculs, car on conçoit qu'il y a quelque différence quand dans un calcul on remplace V par V^2, lorsque cette valeur est de l'ordre des centaines de millions de mètres.

Cette simple supposition, une théorie qui tient en trois lignes, devient la base de toute la physique : force vive, lumière, chaleur, rayons divers, électricité, magnétisme, pesanteur, attraction universelle, aurores boréales, etc. ; tout s'explique simplement, et les phénomènes connus permettent à chaque instant de suivre le développement logique de la cause première.

La nature n'est plus que la lutte de ces deux entités : la force représentée par l'éther, et la matière élastique compressible.

L'ouvrage suppose quelques connaissances de physique, d'algèbre élémentaire qui sont à la portée de tout le monde ; les parties mathématiques pouvant facilement être sautées sans que la suite des raisonnements soit rendue plus difficile à saisir.

NOUVELLE THÉORIE

DES

SCIENCES PHYSIQUES

CHAPITRE PREMIER

—

GÉNÉRALITÉS

Il est probable que tous les phénomènes que nous avons à étudier, sont sous la dépendance d'un petit nombre de lois fort simples, qui doivent se retrouver dans tous les chapitres de nos sciences.

C'est ainsi que l'étude de l'acoustique est fort semblable à celle de l'optique; nos forces peuvent se transformer les unes dans les autres, toujours dans les mêmes rapports, et il est fréquent de rencontrer dans une expérience des faits qui se rapportent à des chapitres qui paraissaient d'abord entièrement indépendants.

Ainsi il paraît évident que toutes nos forces doivent être les manifestations d'une force unique, qu'il nous suffira de connaître pour pouvoir réunir toutes nos sciences en une seule, probablement simple.

Or, jusqu'à présent, nous ne possédons pas cette théorie générale, facile à étudier, et de plus, la simplicité relative que nous avions dans certains cas, menace de disparaître par suite de nouvelles découvertes, qui ont permis de mettre en doute des lois qui paraissaient indiscutables; certaines parties de la physique se sont étrangement compliquées, l'étude raisonnée de l'électricité par exemple devient impossible. L'idée de masse elle-même, de quantité de matière, est mise en doute, de sorte que nous ne rencontrerons plus que des idées abstraites sur lesquelles nous basons de nouvelles théories.

Je vais chercher à réunir tous les faits, en les faisant dériver logiquement, simplement, de quelques causes.

On ne doit autant que possible, tirer d'une théorie que les conséquences directes, indiscutables, et de plus les vérifier par des expériences, par des faits, par des calculs simples, afin de constater le plus souvent possible, que la voie où l'on s'est engagée est bien la bonne.

Si l'on ne suit pas cette marche, le degré de probabilité des conclusions devient bientôt nul, à moins qu'on ne sache le résultat que l'on veut obtenir à tout prix, dans ce cas on y arrive, même par de mauvais raisonnements. Il en est de même pour les calculs ; à leur base il y a des hypothèses, dont ils ne sont que les développements ; or s'il y a hypothèses sur hypothèses, comme cela arrive souvent ; des formules, des coefficients, des assimilations, etc..., les calculs ne signifient plus rien.

Par exemple, on était arrivé à considérer comme parfaitement exacte, une formule de Wien, concernant le rayonnement.

On s'est alors empressé de trouver une démonstration mathématique de cette formule ; naturellement on a réussi ; or quelques années après on reconnaît que les expériences qui servaient de base à la formule de Wien étaient inexactes, et leur conclusion fausse. Cette démonstration mathématique d'une erreur montre que par les procédés que l'on emploie aujourd'hui, on peut avec de la bonne volonté démontrer tout ce qu'on veut, il faut demander aux calculs ce qu'ils peuvent donner, et rien de plus.

On ne peut pas empêcher les physiciens de faire des calculs, c'est leur droit ; mais si l'on met en doute une de leurs conclusions, obtenue par les procédés auxquels je viens de faire allusion, ou si, présentant une idée nouvelle, ils se contentent de répondre : ceci a été étudié mathématiquement donc c'est un sujet épuisé, il n'y a pas à y revenir ; ils dépassent évidemment les bornes du bons sens.

Voici un exemple d'une expérience, des calculs que l'on a fait avec, des conclusions que l'on en déduit. Certains rayons sont déviés par un champ magnétique, on mesure les déviations correspondantes à certaines vitesses ; on poursuit la courbe sans expérimenter, jusqu'à 300 000 kilomètres. Cette déviation varie avec la rapidité des particules considérées, et devient nulle à la vitesse de la lumière. La conclusion qu'on en tire est radicale : si la déviation varie avec la vitesse, c'est que la masse varie elle aussi, et devient infinie lorsque la vitesse atteint 300 000 kilomètres à la seconde. D'un seul coup, on supprime la constance de la masse, pour la remplacer par des abstractions ; que deviendrait cette masse déjà infinie, si on pouvait obtenir quelques kilomètres de plus par seconde !

Si l'on essaie, comme je vais le faire, de trouver une explication simple d'une pareille expérience, on se trouvera pris entre des opinions irréconciliables, toutes plus mathématiques les unes que les autres, et l'on pourra se trouver excommunié, aussi bien par ceux qui parleront de masse faible et de non résistance de l'éther, quitte à lui donner certains coefficients qui le rendent plus difficile à tordre que l'acier ! que par ceux qui lui donnent une masse infinie, une résistance nulle. La plupart du temps on ne s'occupera même pas d'un fait contradictoire, une formule s'est transformée en dogme.

Dans l'expérience de déviation d'électrons, démontrant soi-disant la variabilité de leur masse, il y a une autre explication, et elle est bien plus simple ; on pourra comparer. Si deux molécules matérielles, 2 billes de billard par exemple, se touchent, se rencontrent, si les vitesses sont inégales, la bille la plus rapide cèdera une partie de son énergie, variable avec l'angle des directions. Mais si les 2 billes ont mêmes vitesses, chacune gardera sa vitesse primitive. D'autre part, la vitesse restant la même, la direction sera également constante, car les chocs se faisant, dans toutes les directions, au hasard, les changements de direction, à la suite des rencontres se neutraliseront, dans leur ensemble. De même les ondes sonores se croisent sans se gêner.

Ainsi plus les électrons ont une vitesse faible, plus ils recevront un élan supplémentaire, plus ils seront déviés, plus ils gagneront aussi de quantité de mouvement. Lorsque leur vitesse deviendra égale à celle de la lumière ils conserveront la même quantité de mouvement avant ou après le choc. Cela tend simplement à prouver que les électrons en question ne sont comme la lumière, le magnétisme, etc..., que les effets divers de l'éther, des mouvements plus ou moins sériés par l'action des particules matérielles sur cet éther, et cela concordera avec un nombre infini d'expériences, sans qu'on ait besoin de détruire la conception si logique, de la constance de masse.

La théorie que je propose pour expliquer les différentes parties de la physique, mais qui s'applique également aux phénomènes astronomiques et chimiques, que je laisserai momentanément de côté, a tout au moins le mérite d'être simple ; elle peut se résumer en quelques lignes, pour les bases qui servent à l'établir. Ce n'est pas autre chose que la physique de l'éther, son action sur la matière, la réaction de celle-ci.

Si avec quelques auteurs on admet que les molécules d'éther ont une masse, la vitesse énorme dont ces molécules sont animées, doit en faire une source incroyable d'énergie. En même temps que l'on admet la masse de l'éther, on est obligé d'admettre sa prépondérance, comme énergie, c'est ce que nous faisons.

Des quelques lignes que nous prenons comme définition, nous tirerons les premières conséquences inévitables, puis nous chercherons les conséquences, qui toujours doivent être simples et correspondre à des faits connus.

Bases de la théorie. — Tout ce qui nous entoure est constitué par 2 corps :

1° La matière ;

2° L'éther.

La matière est composée d'atomes matériels semblables, plus ou moins bien réunis, — elle est *compressible*. La matière est caractérisée par la *masse*, c'est-à-dire par la quantité de matière qui la forme, et puisque les particules matérielles sont formées d'atomes semblables ; par le nombre d'atomes qui constituent ces corps matériels. Dans les mêmes conditions de pression, ces molécules matérielles ont même volume, mêmes propriétés. La masse est ainsi facile à concevoir.

L'éther est composé d'atomes ou molécules, extrèmement petites, circulant dans l'espace, entourant les molécules matérielles, sauf à leurs points de contact entre elles. Ces molécules éthérées ont une *masse* bien déterminée, des vitesses qui sont variables. L'éther crée donc une pression variable, possède une densité variable, suivant le nombre de molécules contenues dans l'espace considéré.

L'éther est ainsi caractérisé par la *quantité de mouvement* produit de la masse par la vitesse. C'est de cette quantité de mouvement modifiée, augmentée, diminuée, emmagasinée, par la matière que toutes nos forces, que toutes les énergies dérivent, elle s'échange, ne se détruit pas.

En résumé nous avons

> La matière compressible, ayant une masse fixe volume variable;
>
> L'éther, avec des particules de masse fixe, de vitesses variables; c'est un fluide.
>
> Les équilibres, les ruptures d'équilibres entre ces 2 corps, constitueront toute la physique, mécanique, astronomie, etc.;
>
> Les quantités de matière et d'énergie sont constantes dans la nature.

Ce sont ces quelques lignes que nous allons développer.

L'étude de tous les phénomènes dont nous avons connaissance comprend ainsi 3 parties.

1° Une matière quelconque vibre, se déplace, se modifie, par suite d'une action quelconque de l'éther ;

2° L'éther ou une autre matière, subit le contrecoup, la réaction, et transmet la perturbation ;

3° Une matière influencée par cette perturbation la transmet à un appareil qui l'enregistre, à notre œil par exemple.

Voici maintenant la marche que nous suivons dans cette étude, et le résumé des résultats obtenus.

MÉTHODE SUIVIE. RÉSULTATS OBTENUS. RÉSUMÉ

1° **Unité de la matière.** — Il était nécessaire de discuter cette hypothèse, et de chercher à la vérifier. Il ressort de son exactitude que puisqu'il n'y a qu'une matière, les molécules d'éther agiront de même façon sur tous les corps, d'une façon comparable tout au moins. Pour nous, tous les corps sont dérivés de *l'hydrogène*, et ceci se trouve prouvé de diverses manières, entre autre par ce fait, que les poids atomiques des 17 premiers corps simples, sont des multiples exacts de l'hydrogène à 0,05 en plus ou en moins, soit au dixième près. Si le hasard avait présidé à cette répartition, on aurait eu à côté du nombre entier, un nombre fractionnaire, ou l'on aurait trouvé, les chiffres, 1, 2, 3, 4, 5, 6, 7, 8, 9, 0, avec la même fréquence, ou à peu près. Le faible degré de probabilité qu'on a de voir sortir la même décimale 17 fois de suite, représente pour nous une certitude infiniment grande, de $\frac{10^{17}}{10}$. Il n'y a donc qu'à discuter pour les poids atomiques suivant les causes de perturbations, ce que je fais.

2° **Etude des fluides.** — Puisque nous comparons l'éther à un fluide, il était nécessaire d'examiner le mode d'action de ces fluides sur lesquels nous pouvons facilement expérimenter. Nous pourrons par la suite nous aider de ces propriétés pour deviner celles de l'éther, à condition de tenir compte des différences qui résultent pour l'éther de ce que nous n'avons pour lui à tenir compte que de la quantité de mouvement, et non de force vive.

Dans les fluides nous montrerons que l'énergie contenue ou chaleur spécifique, la pression, la vitesse de propagation du son, le poids sur la balance, sont les fonctions d'une seule valeur, la *vitesse de translation* des molécules qui se trouve déterminée à 5 % près, au maximum d'erreur.

3° **Force vive ou travail.** — Avant de commencer la vraie physique de l'éther, on peut se rendre compte facilement des réactions mutuelles de l'éther et de la matière, en étudiant ce qui se passe dans le cas où une molécule matérielle se déplace dans le fluide doué des propriétés que nous reconnaissons à l'éther. Un calcul élémentaire montre que l'on a à l'avant du mobile une pression, donc une résistance, à l'arrière au contraire une diminution de pression. La moyenne des ces deux valeurs représente une *surpression*, qui est une fonction du *carré de la vitesse*. La molécule devra donc, conséquence obligatoire, se mettre en équilibre avec la nouvelle pression, elle subira une contraction, emmagasinera quelque chose, aux dépens du fluide, c'est la *force vive*, qu'elle restituera à l'arrêt.

Mais par contre, dès que cet équilibre avec les nouvelles pressions est établi, le travail effectué par le déplacement devient nul, la résistance s'annule. C'est un fait d'expérience : la non résistance de l'éther à une vitesse constante. C'est obligatoire, car une molécule ne saurait infiniment absorber du travail, c'est-à-dire se comprimer, sans disparaître à la longue.

Cela s'explique facilement : la molécule très comprimée à l'avant réagit moins sur les molécules d'éther que la partie très déprimée de l'arrière, de la même façon qu'une bille rebondit sur l'ivoire sans perdre de sa vitesse, et s'enfonce dans le sable en laissant tout son mouvement.

Cela se traduit par une fréquence diverse, une amplitude autre, des vibrations de la molécule à l'avant et à l'arrière.

Naturellement dans aucun cas il n'y a création d'énergie.

Nous terminerons ce chapitre par la détermination de la densité de l'éther, approximativement, bien entendu.

4° Physique de l'éther. — Ayant ainsi montré que nous avions le droit de considérer les molécules d'éther comme un fluide caractérisé par sa seule quantité de mouvement, l'on peut aborder la physique de l'éther, et traiter successivement.

Comment l'éther conduit les perturbations, comment se transmettent les pressions ou phases.

Comment se déplacent les molécules d'éther dont la vitesse a été réduite : par une sorte de cheminement.

Comment l'action de l'éther sur les molécules matérielles, étant donné que le produit mV n'est pas négligeable relativement à la masse des molécules matérielles, entretient chez celles-ci un mouvement continuel de vibration.

Ces vibrations se modifient naturellement suivant les modifications de l'éther, en densité, en vitesse, et elles modifient à leur tour les propriétés de l'éther en y créant des ondes.

. Enfin ces ondes agissent sur la matière, de quelle façon.

Par l'action des matières nous pouvons aussi créer des courants d'éther, et en général les mêmes perturbations que dans les gaz.

Ces phénomènes de vibrations se traduiront à distance, ils causeront des répulsions, des attractions, sur les molécules voisines; ils auront en un mot des effets moléculaires, régleront les affinités chimiques.

Ces idées, il nous reste à les appliquer :

5° Energie rayonnante. Lumière, chaleur, ondes diverses. — Il ressort de tout cela que la physique de l'éther est très semblable à celle des fluides, nous y trouverons les mêmes mouvements; les phénomènes de variation de pression, de densité, donneront les phénomènes dits électriques, les variations de phases donneront l'énergie rayonnante et, comme les vibrations des corps matériels donnent l'acoustique, nous aurons à enregistrer des phénomènes semblables, dominés par la même grande loi, celle de l'isochronisme des oscillations dans les phénomènes lumineux, etc., caractérisés par les rayons de diverses longueurs d'onde.

Mais il y aura une autre conséquence de ces vibrations, et elle est toute mécanique, la même formule que nous avons trouvée lorsque l'on a étudié la réaction de l'éther sur une molécule matérielle qui se déplace, sur l'avant et sur l'arrière de la molécule s'applique à la molécule qui vibre, elle correspond à une augmentation de pression quand le volume augmente, une diminution quand le volume diminue, mais la somme algébrique de ces 2 valeurs n'est pas nulle; lorsqu'une molécule vibre, elle subit une surpression moyenne, elle emmagasine aussi quelque chose, et ce quelque chose est analogue à la force vive; les volumes maxima et minima ont une moyenne qui est plus faible qu'à la position de repos. Cet effet mécanique est comparable à la force élastique du diapason, véritable ressort, et il est comme le son émis, une conséquence de la vibration. C'est l'équivalent mécanique de la chaleur.

6° Electricité. — Ces phénomènes sont extrêmement nombreux. Ce sont les effets mécaniques produits par l'éther lorsque celui-ci augmente de densité, ou diminue, si les molécules éther prennent un changement de direction, allant de préférence dans un sens déterminé. Si nous envoyons dans un sens une quantité plus grande de molécules, éthérées, d'une vitesse plus grande, nous avons un courant électrique.

Nous aurons ainsi, comme pour l'énergie rayonnante, deux choses à considérer : le courant électrique lui-même, c'est l'éther qui se déplace, c'est la force elle-même, mais nous aurons aussi l'effet sur la matière, la modification mécanique imposée à la molécule, et qui correspond à un emmagasinement d'énergie, à un travail, au même titre que la force vive, que la conséquence mécanique de l'énergie rayonnante.

7° Applications diverses. — Nous étudierons à part certains phénomènes naturels extrêmement importants, tubes de Geissler, la grêle, la radio-activité, les aurores boréales et enfin le plus important de tous les phénomènes, l'attraction universelle. Tous ces phénomènes doivent s'expliquer facilement, simplement, comme conséquence des 4 lignes de nos prémices.

IMPORTANTE DIFFÉRENCE DE L'ÉTHER ET DES FLUIDES MATÉRIELS. SES CONSÉQUENCES

Il y a au point de vue mécanique une différence énorme comme conséquence entre les fluides matériels et l'éther.

Dans un fluide matériel :

La pression exercée augmente avec le carré de la vitesse (nombre de chocs $\times$ valeur des chocs).

L'énergie emmagasinée aux dépens de l'éther ou des autres forces, est proportionnelle au carré de la vitesse.

1° Donc pour les fluides, pression et énergie emmagasinée augmentent de front. — De même pour les matières, la vitesse de vibration produit un travail proportionnel à v^2. — On voit donc que les matières peuvent emmagasiner de l'énergie proportionnellement à v^2 de vibration, ou de translation (à la constante près). Ce sont ainsi des réservoirs de force. — Il faut beaucoup de quantité de mouvement pour un petit résultat.

2° Pour un fluide ordinaire, ou pour les différentes parties d'un fluide, si on se contente de céder de l'énergie d'un côté pour en prendre d'un autre, la pression ne change pas, la dilatation subie d'un côté compense la contraction de l'autre.

Il n'en n'est pas de même pour l'éther, la pression augmente comme le carré de la vitesse, mais l'énergie n'augmente que comme la vitesse v. Si de V la vitesse devient $(V + v)$, l'augmentation de pression varie comme $(2vV + v^2)$; la quantité de mouvement, comme v, seulement car

v^2 est négligeable, devant la grandeur de $2vV$; on voit que pour la moindre augmentation de v la surpression est énorme, car $V = 600000000$ mètres et v augmente facilement.

Résultat, la moindre augmentation ou la moindre diminution de quantité de mouvement ou énergie pour l'éther, cause des surpressions énormes avec lesquelles les matières en contact doivent s'harmoniser.

Enfin, si à 2 quantités d'éther de vitesse V, je communique des vitesses différentes $(V + v)$ d'un côté, $(V - v)$ de l'autre, la somme des pressions devient $(V + v)^2 + [V - v]^2$ dépassant la pression primitive dans le rapport de v^2 à V^2. Je n'ai pas dépensé d'énergie, et pourtant en répartissant différemment ces quantités de mouvement, j'ai créé une pression. C'est la contre-partie de l'action de l'éther sur la matière, par suite de la présence de cette dernière; si elle est comprimée, elle peut réagir à son tour sur l'éther; un nouvel équilibre se forme.

VÉRITABLE SIGNIFICATION DE NOS CALCULS
SYMBOLES EMPLOYÉS

Les calculs que nous présentons sont de deux sortes.

Les uns ont pour but de vérifier les propriétés des fluides, de certains coefficients ; ils doivent donc être exacts ; c'est le cas de la cinétique des fluides, du rapport entre le volt électrique et la force contre-électromotrice.

Mais lorsqu'il s'agira de l'éther, de sa résistance à un changement de vitesse par exemple, les calculs n'ont plus qu'une prétention, c'est d'indiquer la direction des phénomènes qui résultent de nos conceptions, nous opérons en quelque sorte qualitativement.

Si pour fixer les idées nous faisons agir sur une surface se déplaçant, un fluide parfait dont les molécules seraient des points théoriques, nous pourrions facilement calculer la résistance au déplacement d'une pareille surface, mais dans la pratique on sait qu'il n'en est pas ainsi. Lorsque nous déplaçons un mobile dans l'air, nous comprimons l'air à l'avant, nous créons une surpression qui agit, modifie nos calculs, et cette surpression est variable avec la section, la forme, l'état de la surface qui se meut. Des coefficients pratiques seront nécessaires.

De même si une molécule de matière se meut dans l'éther, avec une vitesse v, les molécules d'éther après le choc auront une vitesse augmentée ou diminuée, théoriquement, ces vitesses seront $[V \times 2v]$, $[V - 2v]$, mais pratiquement nous n'en savons rien, car les propriétés de l'éther sont modifiées d'une certaine fraction, évidemment faible par la réaction de la paroi. Pour nous, nous pourrons aussi bien mettre $[V + v]$ que $[V + 2v]$, ne cherchant en général que la signification qualitative, ici c'est l'augmentation de vitesse, simplement. Cette remarque est générale.

Les principaux symboles que nous emploierons sont :

M, masse des particules matérielles, variable suivant les corps.

m, masse constante des molécules éther

V, vitesse de l'éther, — c'est 600000 kilomètres à peu près, ou bien sa vitesse utile, $V \times \sin \alpha$ moyen, qui représente alors 300000 kilomètres par seconde

v, vitesse des molécules matérielles.

Les chocs positifs sont ceux de sens contraire, vitesse s'ajoutant.

Les chocs négatifs sont ceux de même sens, vitesse se retranchant.

CHAPITRE II

—

LA MATIÈRE. - UNITÉ DE LA MATIÈRE

On avait tout d'abord pensé que les atomes matériels n'étaient que des condensations successives d'une matière primitive. On avait songé que l'hydrogène pourrait être cette matière, puis on voulait donner ce rôle à d'autres atomes plus légers encore. On a renoncé à cette explication, du moins beaucoup de personnes, sous prétexte que les poids atomiques n'ont pas de diviseur commun, et ne peuvent par conséquent dériver les uns des autres.

Pour que ce fait soit incontestable, il faudrait qu'il réunisse pour le moins deux conditions.

1° Que les poids atomiques soient fixés d'une façon indiscutable.

2° Que nous ayons prouvé que le poids, dans un même lieu, est rigoureusement proportionnel, à la masse ou quantité de matière, sans que la forme des atomes puisse les modifier en quoi que ce soit.

Pour la seconde condition, je fais remarquer qu'une loi semblable, *mathématiquement* exacte, serait probablement la *seule* loi physique qui serait dans ce cas. Serait-ce parce qu'elle est la réunion de 2 facteurs, l'un la pesanteur dont on ne connaît pas la cause, l'autre, la masse de la matière, alors que certains physiciens nient la constance de la masse, et même l'existence de la matière, devenue un centre de forces.

Mais les poids atomiques sont-ils déterminés d'une manière incontestable ; on ne s'en douterait pas à voir les discussions qu'il y a pour certains d'entre eux. Voici par exemple le magnésium ; on adopte d'abord le chiffre 24, puis avec Van der Plaat, on adopte 24,4 ; avec Marignac on revient avec 24,3 et finalement les nouvelles déterminations donnent 24, chiffre adopté pour $H = 1$ dans la dernière édition de Frésénius. C'est ce chiffre que nous adoptons, avec tous les analystes. Le magnésium n'est pourtant pas un métal rare difficile à se procurer.

Voici d'autres métaux, nickel, cobalt, chrome qui sont pourtant fort connus ; l'indécision est encore pour eux de 0,5, soit de 1 $^0/_0$.

On sait maintenant que tous les métaux absorbent les gaz, qu'il est presque impossible d'avoir des métaux purs. Bien mieux, pour l'azote que l'on croyait bien avoir pur, on retire de ce gaz plusieurs gaz nouveaux. Dans ces conditions, il semble que, déclarer que l'azote, le carbone, l'oxygène par exemple, ne sont pas des multiples de l'hydrogène parce que leur poids atomique diffère d'un multiple de H de 3 à 4 dix millièmes cela paraît de la plaisanterie. On admet maintenant par exemple que tous les poids atomiques de Stas sont à modifier.

Par contre de nombreuses raisons physiques, astronomiques, chimiques parlent en faveur de l'unité de la matière. et de plus comme procédant de l'hydrogène, comme matière première.

Dans l'analyse spectrale, nous n'avons trouvé dans les étoiles que des corps connus par nous (à une exception près, peut-être). L'âge des étoiles peut se classer d'après ce procédé d'analyse, suivant une chaîne continue, partant des étoiles très blanches ou bleutées, où on trouve l'hydrogène comme corps principal, presque unique dans leur atmosphère, jusqu'aux étoiles rouges plus anciennes encore que notre soleil orangé. D'une classe à l'autre, le spectre se complète d'une matière continue, passant des gaz aux poids moléculaires faibles aux métalloïdes et aux métaux, à poids atomiques croissants, comme si des condensations successives s'étaient produites, d'un âge à l'autre.

Or chimiquement nous allons retrouver une loi analogue. Voici en effet pour les 17 premiers corps simples les valeurs citées par les différents auteurs, en retirant toutefois les chiffres 24,3, 24,4 du magnésium qui ne sont plus adoptés maintenant. Ce sont :

Hydrogène	1,0			
Hélium	3,96			
Lithium	7,01	7,02		
Glucinium	9,1	9,08	9,037	
Néon	9,96			
Bore	10,94	10,9	11,0	
Carbone	11,97	11,97	12,05	11,997
Azote	14,02	14,04	14,01	14,006
Oxygène	16,0	15,96		
Fluor	18,98	19,06	19,06	
Argon	20,0	19,96		
Sodium	23,0	22,98		
Magnésium	24,0	23,96	24,01	
Aluminium	27,01	27,04	27,08	26,992
Silicium	28,19	28,0	28,0	
Phosphore	30,96	30,95	30,96	
Soufre	31,98	31,98	32,06	

Ces valeurs ont été inscrites non au hasard, mais chronologiquement, les dernières ont ainsi à cause des nouveaux travaux, des progrès techniques réalisés, plus de chances d'être exacts que les premiers, ils se rapprochent encore davantage des multiples exacts de l'hydrogène ; souvent dans les différentes valeurs, les unes sont au-dessus, légèrement, les autres au-dessous.

Un coup d'œil permet de constater, que l'on ne rencontre pas une fois, après la virgule, les chiffres 2, 3, 4, 5, 6, 7, 8, ni le chiffre 9 seul.

Le 1 se rencontre une fois, pour un métal rare, et c'est la plus ancienne détermination. Il est hors de doute que cette répartition si nette, autour du multiple exact de l'hydrogène, n'est pas due au hasard. Il y a là une loi. Quel est en effet le degré de probabilité, d'une semblable répartition, d'après le calcul des probabilités, si le hasard seul est en jeu. Le nombre de combinaisons que nous pouvons faire, avec ces 10 valeurs, de o à 9, est de 10 pour la première série ; mais il est de 10^2 pour 2 séries, de 10^3 pour 3 séries, c'est-à-dire que pour nos 16 corps simples, le fait que le chiffre représentant le poids atomique concorde avec un chiffre entier à o,o5 près en plus ou en moins, soit à $\frac{1}{10}$ près, représente ou une loi indiscutable, ou un jeu du hasard, avec comme probabilité

$$\frac{1}{10^{16}} \quad \text{ou} \quad \frac{1}{10 \text{ millions} \times 1 \text{ milliard}} \cdot$$

Il n'y a donc pas possibilité de nier la loi, et on doit seulement chercher le pourquoi des irrégularités que l'on pourra remarquer par la suite.

IRRÉGULARITÉS. CAS DU CHLORE

Arrivé au 18º corps simple, par ordre de grandeur atomique, nous avons une exception indiscutable : le chlore, qui paraît avoir un poids atomique de 34,4 à 34,5. Après ce cas, du reste, les différences entre les poids atomiques et les multiples exacts du poids type de l'hydrogène, vont devenir plus fréquentes. Pour certains corps : nickel, cobalt, chrome, les irrégularités ne suffiraient pas à mettre sérieusement en échec, la loi évidente qui ressort des 17 premiers corps simples, puisque ces corps n'ont pas leur poids atomique rigoureusement déterminé.

Pour le nickel par exemple voici quelques valeurs citées.

$$59,0 \; - \; 58,6 \; - \; 57,93 \; - \; 58,6 \; - \; 58,8 \; - \; 59 \; - \; 59,0$$
$$59,06 \; - \; 57,928 \; - \; 58,6 \; - \; 58,7 \; - \; 59,0$$

Ceci suivant les auteurs.

On conçoit du reste que la probabilité d'avoir la première décimale exacte devient de moins en moins grande, à mesure que le poids atomique augmente. On sait aussi que certaines molécules et justement le nickel et le cobalt sont dans ce cas, admettent certaines impuretés en quantités bien déterminées et qui en arrivent à modifier leur forme de cristallisation. J'ai démontré ainsi précédemment, en collaboration avec M. Lepierre de Coimbra, que cette quantité, pour les sulfates de nickel et de cobalt, pouvait atteindre $\frac{1}{2}$ %.

Mais pour le chlore au contraire, le poids atomique paraît certain, et n'est sûrement pas un multiple de l'hydrogène.

On se trouve alors en présence de 3 hypothèses, qui permettraient de laisser intacte la loi que nous avons précédemment trouvée.

1° Une erreur d'expérience — cela est bien peu probable pour ce gaz.

2° Un autre corps que l'hydrogène existerait, qui lui aussi pourrait intervenir dans la formation des corps simples.

3° Il y a dans la mesure des masses des causes d'irrégularité.

C'est le 3° cas qui nous paraît le plus probable, et si l'on adopte notre manière de voir, au sujet de la pesanteur, il est facile de se rendre compte de la différence d'action de la pesanteur sur des masses égales. La pesanteur vient de l'action de l'éther, possédant une masse bien définie, et une vitesse, sur une matière qui a à peu près la même densité moléculaire pour tous les corps. Non seulement ceci n'est qu'approximatif puisque les matières en mouvement, en vibration ont comme nous le verrons une légère compression, mais encore, ne peut-on admettre que dans la formation de l'atome chlore, les atomes primitifs, qui se sont soudés aient laissé un vide entre eux, de façon à modifier la densité relative de la particule formée. On pourrait comparer ce cas à la différence d'action de la poussée que l'air ou les liquides font subir aux matières qu'ils baignent, et qui est proportionnelle au volume, non au poids ou à la densité, une sphère creuse recevant une action bien supérieure à une boule pleine du même poids et de même matière.

Cette anomalie pour le chlore n'est pas la seule, du reste, toutes les lois physiques montrent pour ce gaz des particularités. C'est ainsi que la chaleur moléculaire spécifique est comparable non à celle des gaz formés de deux atomes par molécule, mais à celle des gaz dont les éléments sont constitués par trois atomes, comme l'eau, l'acide carbonique, l'hydrogène sulfuré.

Et cette explication peut s'appliquer à toutes les autres exceptions, car il est évident que la probabilité d'avoir dans les agglomérations d'atomes des espaces vides, comme des surfaces imparfaitement en contact, augmentera avec le nombre d'atomes, ces anomalies qui étaient difficiles à réaliser avec des atomes simples deviennent le cas général dans les matières de poids moléculaire élevé.

On sait du reste que pas une loi physique n'est mathématiquement exacte et que les différences deviennent de plus en plus importantes lorsqu'on s'éloigne davantage de la série des gaz appelés parfaits.

Condensations ultérieures. — L'analyse spectrale faisait prévoir la possibilité des condensations successives des atomes formés les premiers. D'où venaient les atomes de fer, des étoiles rouges, orangées, alors qu'au commencement des périodes stellaires on ne rencontrait guère que l'hydrogène.

Si l'atome peut s'unir à un autre atome pour former un nouveau corps, pourquoi les nouveaux corps formés, utilisant les mêmes lois ne s'uniraient-ils pas entre eux. Il faudra peut-être plus ou moins de chaleur ou de pression, mais la condensation doit être à nouveau possible, et sa constatation ajoutera encore aux probabilités qui découlent des premières constatations faites.

En chimie organique, nous constatons la même tendance, — les radicaux méthyle et éthyle par exemple peuvent se souder et donner l'éthane, le butane, le propane. — Mais les radicaux qui dérivent de ces nouveaux carbures, butyle, propyle : peuvent se souder entre eux. Ainsi se sont formées les séries organiques, dont les termes ont des propriétés communes, plus ou moins modifiées par le poids croissant de leurs molécules.

Ces séries paraissent bien exister en chimie minérale, et par le raisonnement nous allons chercher à prévoir les lois de leur formation.

Tout d'abord, nous connaissons la très forte tendance qu'ont les atomes d'un même corps pour se doubler et constituer ainsi la molécule matérielle. Une des premières tendances devra peut-être être le doublement des atomes.

Mais la fréquence des rencontres, ayant comme facteur principal les quantités en présence, doit également agir sur la formation en plus ou moins grande quantité des atomes nouveaux. Or géologues et minéralogistes ont évalué approximativement les quantités des corps formant l'écorce terrestre de la façon suivante :

$$
\left.
\begin{array}{ll}
\text{Oxygène} & 47\,\% \\
\text{Silicium.} & 28\,\% \\
\text{Aluminium} & 8 \\
\text{Fer} & 4,5 \\
\text{Calcium.} & 3,5 \\
\text{Magnésium.} & 2,5
\end{array}
\right\} 93,5\,\%
$$

Soit 6,5 % seulement pour les autres corps.

On ne devra donc pas être surpris, si l'on voyait l'oxygène dominer dans la formation des séries de corps simples.

Enfin, si pratiquement nous constatons que deux corps ont dans notre chimie une grande tendance à s'unir entre eux, à donner des composés chimiques déjà stables, nous pourrons en conclure que peut-être nous aurons lieu de rencontrer ces molécules assemblées comme dans nos composés chimiques, mais plus énergiquement, formant un atome.

Ces déductions se vérifient entièrement, d'une manière inespérée, et tous les cas cités se présentent.

Le carbone très fréquent dans certains spectres a en chimie, comme représentant le plus stable, l'oxyde de carbone, CO, or le poids moléculaire de l'oxyde de carbone est le même que celui du silicium, et l'on sait la grande analogie de propriétés du silicium et du carbone.

Prenons la série des métaux monoatomiques et cherchons s'il n'y a pas d'un terme à l'autre des différences régulières.

Métal	Poids moléculaire	Addition de	Donne	Correspond à	de Poids moléculaire	Différence
Lithium .	7 +	16 ou 1 oxygène	23	Sodium	23	0
Sodium .	23 +	16 ou 1 oxygène	39	Potassium	39	0
Potassium .	39 +	23 ou 1 sodium	62	Cuivre	63	— 1
Potassium .	39 +	23 × 2 ou 2 sodium	85	Rubidium	85	0
Potassium .	39 +	23 × 3 ou 3 sodium	108	Argent	108	0
Potassium .	39 +	23 × 4 ou 4 sodium	131	Cesium	133	+ 2

On voit dans ces métaux une concordance qui n'est certainement pas due au hasard, on sait en outre que les métaux dits alcalino-terreux ont des propriétés semblables et se rencontrent mélangés, généralement.

De même pour le cuivre et l'argent très semblables physiquement, chimiquement et formé dans des conditions géologiques analogues.

Voici une autre série, celle des métaux bivalents, y compris le fer qui est bivalent avec les sels ferreux et souvent mélangé aux autres corps, dans la plupart des minerais.

Métal		Addition de	Donne	Correspond à	Poids moléculaire	Différence
?	8	16 ou 1 oxygène	24	Magnésium	24	0
Magnésium . .	24	16 ou 1 oxygène	40	Calcium	40	0
Magnésium . .	24	32 ou 2 oxygène	56	Fer	56	0
Calcium . . .	40	24 ou 1 magnésium	64	Zinc	65	+ 1
Calcium . . .	40	48 ou 2 magnésium	88	Strontium	87,5	— 0,5
Calcium . . .	40	72 ou 3 magnésium	112	Cadmium	112	0
Calcium . . .	40	96 ou 4 magnésium	136	Baryum	137	+ 1

On peut faire les mêmes remarques que pour la série des corps mono-valents, il paraît y avoir 2 séries, suivant les conditions géologiques de formation. Mais les corps de chaque série sont semblables de propriétés, s'accompagnent presque toujours. C'est ainsi que le cadmium si semblable au zinc, de la même série, accompagne toujours ce métal. N'est-il pas naturel de supposer qu'ils se sont formés en même temps, de la même matière première, à laquelle ils ressemblent tous deux.

Parmi les autres analogies, on peut remarquer qu'un autre métal l'aluminium, dérive du Bore, par addition de 16, atome d'hydrogène, et il y a chimiquement des analogies entre ces 2 corps.

On peut aller encore plus loin, et saisir sur le fait les procédés de synthèse de la nature : chaleur pression. L'oxygène a une forte tendance à s'unir à lui-même, comme la formation de l'ozone le démontre. A l'état libre, la molécule de l oxygène, biatomique, est de poids 32.

Or, dans les très fortes perturbations causées dans l'air par la foudre, beaucoup d'observateurs ont noté dans la chute de cette foudre, l'odeur caractéristique de soufre, ou du moins d'acide sulfureux.

N'est-il pas simple de supposer que si avec nos étincelles médiocres nous arrivons à transformer 3 molécules d'oxygène en 2 d'ozone, que les étincelles de plusieurs kilomètres de la nature ne puissent souder et plus fortement 1 molécule d'oxygène, composée de 2 atomes, pour former l'atome de soufre.

Métalloïdes et métaux lourds. — Il est à remarquer que les métaux et les métalloïdes de poids moléculaire élevé ne paraissent pas exister ni au début, ni à la fin des périodes stellaires. Sur notre globe, ces métaux paraissent se localiser dans les pays qui ont subi les plus grands bouleversements mécaniques.

On peut donc penser qu'il y a une relation de cause à effet, entre les pressions fantastiques qu'il a fallu pour plisser des masses de rocher de plusieurs centaines de mètres d'épaisseur, comme de simples feuilles de papier, et la production de nouveaux corps, comme si ces pressions, les températures élevées produites par les glissements avaient soudé de nouveau des groupes d'atomes, ou avaient brisé des atomes déjà formés.

De nombreuses remarques, analogues à celles des pages précédentes, permettraient de réunir entre eux, les atomes de la série du molybdène, du soufre, des séries parallèles de l'or, du palladium, du fer, etc.

CONCLUSIONS

Nous sommes ainsi arrivé à considérer tous les corps simples comme composés d'atomes provenant de la soudure d'atomes plus simples, et en dernière analyse, comme formés d'atomes d'hydrogène.

Nous avons vu en quelque sorte, trois chimies différentes : celle des premières périodes stellaires ou des molécules à grande vitesse initiale, celle des hautes couches de notre soleil.

Pour la chimie des hautes températures et des pressions, dans les couches inférieures très chaudes du soleil, les premiers corps formés se combinent entre eux, c'est la période de formation où dominera le fer, le calcium.

Enfin, lorsque les planètes se refroidissent, vient l'ère des pressions énormes, souvent associées à la température ; les corps formés chimiquement par des procédés analogues à ceux de nos laboratoires, sont transformés en nouveaux atomes, tandis que d'autres atomes pouvaient être brisés, décomposés.

Dans tous les cas, la matière est unique.

Les atomes ne sont plus des choses abstraites, des centres de forces. Ce ne sont pas des systèmes planétaires en miniature, mais des volumes parfaitement déterminés, de forme, de masse. Ces atomes, les agrégats qu'ils forment sont élastiques, sont compressibles ; l'éther agira sur eux, mais ils agiront sur l'éther.

Les formes cristallines des corps sont la conséquence de ces échafaudages d'atomes, et dans certains cas simples, on peut retrouver la forme de cristallisation.

C'est sur de semblables particules que nous allons étudier l'action de l'éther, et baser toute la physique.

CHAPITRE III

—

ÉTUDE DES FLUIDES

Pour nous, l'éther n'est pas autre chose qu'un fluide, seulement, alors que les fluides possèdent une force vive, provenant uniquement de la réaction, de la compression par l'éther des molécules en mouvement, l'éther au contraire n'a pour caractéristique que sa quantité de mouvement, et toutes ses propriétés en découlent.

Sauf cette différence, nous pourrons raisonner sur l'éther comme sur un autre gaz, et cela nous aidera beaucoup. C'est pourquoi il est nécessaire d'établir les propriétés de ces gaz sur lesquels nous pouvons expérimenter plus facilement.

Nous allons montrer que toutes les propriétés caractéristiques des fluides découlent de la masse des particules, de leur vitesse ; nous pourronspar la suite raisonner de même sur l'éther.

Les fluides d'après la théorie généralement admise et que nous acceptons, sauf pour les détails, sont composés d'un nombre énorme de molécules de masse plus ou moins grande, se mouvant dans toutes les directions, avec une certaine vitesse. Ces molécules sont plus ou moins déviées de leur route à chaque rencontre. La distance entre 2 chocs consécutifs varie suivant la nature des gaz, leur pression, et si on considère un nombre suffisant de rencontres, on trouverait à établir une moyenne : c'est le libre parcours.

Si le gaz est bien en équilibre, on peut également admettre que chaque portion de l'espace est sillonnée, traversée par un même nombre de molécules venant indistinctement de tous les points de l'espace, sans qu'il y ait d'endroit privilégié.

La vitesse est avec la masse, bien facile à déterminer, la caractéristique des gaz, dans des conditions données. On a essayé de déterminer cette vitesse, et on a trouvé un résultat légèrement différent (de $\frac{1}{5}$ environ) de celui que nous allons déterminer, pour un corps bien connu, l'oxygène pris comme type, et qui pourra facilement nous permettre de calculer la vitesse de tous les autres gaz.

Voici les causes de ces différences dans les valeurs trouvées. Dans l'équation de la pression, on ne tient compte que de l'angle moyen de choc sur la paroi (c'est 30°, comme dans ma détermination), on suppose que la paroi ne réagit pas, négligeant ainsi les phénomènes capillaires et autres, les réfractions au contact des parois, le mouvement vibratoire de celles-ci ; de plus on suppose qu'une molécule choquant une paroi avec un angle α et une vitesse V lui cède une pression. $V \sin \alpha$, suivant la règle du parallélogramme des forces. Or peut-on comparer le choc d'une molécule à une force ? Si on l'admet, il en résulte que la molécule de vitesse V, agissant sur un angle, pourrait donner des résultantes

$$V \sin \alpha + V \sin \alpha'$$

dont la somme serait supérieure à V, ce qui paraît absurde ; $\sin \alpha + \sin \alpha'$ est en effet plus grand que l'unité. Nous reprendrons du reste cette question un peu plus tard.

L'équation de la pression ainsi comprise, ne pouvait pas donner un nombre concordant avec celui provenant du calcul des chaleurs spécifiques pour les gaz dits parfaits. Pour la faire concorder, les mêmes auteurs qui prennent les molécules comme des centres de forces, supposent que ces molécules ont une forme déterminée, toujours la même. Ce sont des ellipsoïdes. Cela ne saurait être admis chimiquement ; si les 2 atomes d'oxygène de la molécule, ou les 2 atomes de la vapeur de soufre à haute température sont des ellipsoïdes, quelle est la forme de l'ozone ? des molécules plus condensées de S^4, S^6 ? celle des gaz comme l'oxyde de carbone ? etc.

Cette forme étant admise à tort selon nous, on suppose que ces ellipsoïdes sont animés d'un mouvement de rotation autour du grand axe, d'où énergie supplémentaire, qui sera à retrancher de la chaleur spécifique et permettra d'obtenir le nombre concordant avec la vitesse donnée par l'équation pression.

Or un mouvement de rotation régulier de l'ellipsoïde est impossible à réaliser au milieu des chocs continuels des molécules. Dès que ce mouvement se dessine, les chocs de sens contraire, des molécules qui viennent au devant de la molécule, augmentent de fréquence, relativement à ceux qui permettraient ce mouvement. Cette rotation à peine ébauchée est donc arrêtée, sans qu'elle puisse prendre une valeur à la périphérie comparable à la vitesse de translation des molécules.

Ce que l'on aura, ce sont des mouvements d'oscillation, de faible vitesse qui existent dans tous les cas (sauf le cas de molécules sphériques), et dont la valeur faible pour les gaz parfaits deviendra plus considérable dans les molécules de forme plus complexe.

Je crois donc que nos chiffres doivent être préférés, pour ces raisons que j'ai déjà développées au congrès scientifique pan-américain de 1909, où ces calculs ont été présentés.

Les valeurs nouvelles que je présente ont un autre avantage : elles concordent complètement avec une autre équation, beaucoup plus importante pour nous, celle de la vitesse du son. Il y a un rapport simple entre la vitesse de translation du son ou de la lumière et la vitesse de translation des molécules, ce rapport, en négligeant les valeurs des diamètres matériels, est $\frac{1}{3}$.

Voici donc le résumé des méthodes de détermination des vitesses des molécules, que nous allons employer, calculées pour l'oxygène pris comme type, et que je considère comme exacts à 4 ou 5 %/$_0$ d'erreur, au grand maximum.

J'admets que pour les gaz simples, l'énergie représentée par les mouvements sur place de la molécule, est faible, et comme nous aurons en plus à extraire la racine carrée, l'erreur qui pourra en résulter sera minime et nous ferons une légère córrection pour en tenir compte.

Nous aurons une première formule dérivée de

$$\frac{1}{2}\, mV^2 = \text{chaleur spécifique.}$$

D'où une première valeur de la vitesse cherchée.

Nous aurons une deuxième équation en nous servant de la vitesse du son : une perturbation produite dans un milieu en mouvement doit se transmettre avec une vitesse qui est en relation avec la vitesse de translation cherchée, et avec la trajectoire suivie. Les molécules allant également dans toutes les directions, cette trajectoire moyenne peut se calculer. Connaissant le rapport, la vitesse du son, on déduit la vitesse cherchée.

Il y a naturellement variation de cette vitesse avec la chaleur; elle est aussi à pression égale fonction de la densité, par conséquent du poids moléculaire.

Il faudra tenir compte du diamètre des molécules, que l'on évaluera, à peu près.

Il y a aussi un rapport indiscutable entre la pression sur les parois, et la vitesse de translation cherchée, et avec la masse. Ce sera la 3ᵉ équation. Il faudra tenir compte, non seulement de la trajectoire moyenne, mais aussi de la réaction de la paroi qui vibre forcément; comme tous les corps, cette paroi modifie le libre parcours moyen; quel est le vrai coefficient d'utilisation suivant les angles de choc; quel est l'effet de la rugosité de la paroi, aussi lisse qu'elle nous paraisse.

Dans l'impossibilité de calculer tout cela, j'ai simplement pris le coefficient d'expérience, en montrant que c'est le $(C - c)$, à la condition que ce $\dfrac{C}{c}$ soit calculé expérimentalement, et non d'après la formule du son, qui est encore à démontrer et qui n'utilise qu'une coïncidence de valeur numérique.

La méthode de calcul que nous employons pour les 2ᵉ et 3ᵉ équations, est celle du calcul des probabilités : dans un milieu gazeux, une portion d'espace reçoit des chocs dans tous les sens, en nombre très grand. Si nous considérons un temps suffisant, même très petit pour nos moyens de mesure, nous admettons que tout s'est passé comme si chacun de ces chocs avait en valeur, en direction, des valeurs égales, qui représentent la moyenne des vraies valeurs. On raisonne ainsi comme dans le cas de la mortalité des villes, des états, qui bon an mal an oscille de peu autour de valeurs bien déterminées, on peut ainsi établir des tables très proches de la vérité. Or une superficie de 1 millimètre de surface reçoit par seconde un tel nombre de chocs, que aucune de nos statistiques humaines ne peut lui être comparée.

Ces 3 procédés de calcul donnent les mêmes résultats. On a pris comme type l'oxygène; un calcul simple donnerait les valeurs numériques pour les autres gaz et pour les températures diverses.

ÉQUATION DE LA CHALEUR SPÉCIFIQUE

La pression du gaz sur la paroi est proportionnelle au nombre de chocs et à leur vitesse. Si la vitesse double, par exemple, le volume restant constant, le libre parcours est le même, la valeur des chocs est double, le nombre double aussi, la pression a ainsi augmenté 4 fois, comme le carré de la vitesse.

Prenons 1 gramme d'oxygène, contenu dans un vase fermé, et portons-le en le chauffant de 0° à 100°.

L'expérience nous montre que la pression est devenue

$$1 + 100\,\alpha t = 1,367$$

α est le coefficient bien connu, tout expérimental.

Pendant ce temps la vitesse n'a varié que proportionnellement à la racine carrée. Si elle était x, elle est devenue $x\sqrt{1,367}$.

Mais cette augmentation de vitesse s'est traduite par une augmentation de force vive qui, elle, est proportionnelle au carré de la vitesse, et qui se trouve ainsi être proportionnelle à $x^2 \times 1,367 - x^2 = 0,367\,x^2$.

Cette force vive est ainsi

$$\frac{1}{2}\,m\,(v^2 - v'^2) = \frac{1}{2} \times \frac{1^{g}}{9,8} \times 0,367\,x^2.$$

Elle a demandé une dépense de chaleur qui, expérimentalement, est 15,5 petites calories ou $15,5 \times 0,422 = 6,54$ kilogrammètres, pour 1 gramme, ou $6,540$ par kilogramme.

De l'équation

$$\frac{1}{2} \times \frac{1^{kil}}{9,8} \times 0,367\,x^2 = 6\,540$$

on tire $x = 590$ environ, variant de 2 à 3 mètres suivant la valeur que nous adoptons pour l'équivalent mécanique de la chaleur.

Valeur du résultat obtenu. — Ce résultat, pour $\sqrt{350\,000} = x$ représente, d'après notre discussion du début, une valeur maxima. Les mouvements d'oscillation sur place représentent une certaine force vive qui ne serait nulle que pour des molécules sphériques. Je suis ainsi amené à faire une correction pour laquelle je n'ai aucun moyen exact d'évaluation.

Toutefois il semble difficile d'admettre que cette force vive représente 10 % de la valeur totale, 2 à 5 % sont plutôt les valeurs probables pour les gaz simples.

Cela mène a :

$$\text{Sans correction :} \quad v^0 = \sqrt{350\,000} = 591$$
$$\text{correction :} \ 2\% \ v^0 = \sqrt{343\,000} = 585$$
$$5\% \ v^0 = \sqrt{332\,500} = 577$$

Nous pouvons donc compter sur 580, à quelques mètres près.

ÉQUATION DU SON

Nous savons par expérience qu'une perturbation produite dans un fluide se transmet à travers le fluide avec une vitesse que nous pouvons mesurer expérimentalement, et qui à 0° dans l'oxygène est de 314 ou 315 mètres.

Cette vitesse est évidemment une fonction de la vitesse de translation des molécules gazeuses, et de la trajectoire parcourue en moyenne par les molécules, ces trajectoires se croisent en tous sens, mais elles prennent, si on considère un grand nombre d'entre elles, une valeur moyenne que nous allons calculer. Si nous pouvons évaluer la longueur de cette ligne brisée décrite relativement à la ligne droite qui réunit les 2 points reliés par l'onde sonore considérée, nous aurons en même temps la vitesse de déplacement des molécules par un simple rapport.

Sans traiter complètement de la transmission du son, on peut se rendre facilement compte de ce qui peut se passer en considérant successivement le problème dans un plan d'abord puis étendant la solution au même problème dans l'espace.

Problème dans un plan. — Prenons un billard, envoyons une bille d'une bande à l'autre. Cette bille va se diriger vers son but, et arrivera sur l'autre bande en suivant un chemin plus ou moins long suivant l'angle α plus ou moins grand, de sa direction et de la bande.

Si V est sa vitesse, l'avancement dans sa direction aura toutes les valeurs entre V (direction perpendiculaire) et 0 (direction parallèle à la bande). Cet avancement aura pour valeur $V \sin \alpha$.

α variant de 0 à 90° ou de 0 à 180° si l'on veut et la vitesse de propagation sera représentée par $V \sin \alpha$, alors que la vitesse de translation est V.

Mais si nous considérons un nombre très grand de billes, α prendra toutes les valeurs possibles, un même nombre de fois, car il n'y a aucune raison pour qu'une valeur de α soit élue plus fréquemment.

L'avancement moyen dans une direction, pour un même temps ou dans l'unité de temps sera ainsi donné par une moyenne des valeurs $V \sin \alpha$, $V \sin \alpha'$, $V \sin \alpha''$, etc. Et ceci est d'autant plus vrai que le nombre de billes est plus grand, d'autant plus vrai encore que si des obstacles étaient placés au hasard de façon à modifier les directions, la même bille pourrait prendre elle-même les différentes valeurs de α, successivement.

Cette moyenne de valeurs pour n angles est

$$\frac{V \sin \alpha + \sin \alpha' + \sin \alpha''}{n}$$

et à la limite nous obtenons

$$\int_0^{180°} \frac{\sin x \, dx}{n}$$

le numérateur devient égal à 2, le dénominateur est représenté par la valeur de l'arc de 0 à 180, soit π.

La moyenne cherchée est ainsi $\frac{2}{\pi} = 0,636$.

L'avancement moyen, dans un plan, se trouve ainsi être 0,636 relativement à la vitesse de translation des molécules.

Problème dans l'espace. — Dans la nature, les molécules gazeuses qui se heurtent changent à chaque instant de direction, et vont dans tous les sens, sans être astreintes à un seul plan comme dans le cas précédent.

Le problème se résoudra de même façon ;
sachant qu'aucun point de l'espace n'est privilégié, si nous décrivons du centre O, pris sur la
ligne AB, une sphère dont le rayon OR serait
égal à ce que nous avons appelé le libre parcours,
tous les points de la sphère enverront vers O si
on considère, un temps assez grand, le même
nombre de molécules (*fig.* 1).

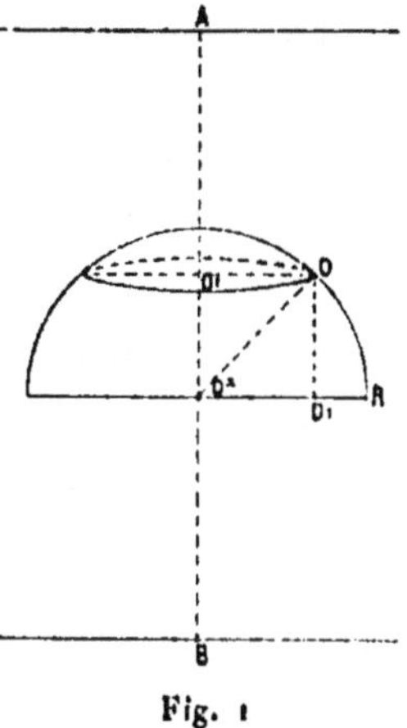

Le degré de fréquence pour un angle α quelconque sera ainsi représenté par la valeur de
la circonférence de centre O', de rayon O'D
et l'avancement sera pour une vitesse = R,
proportionnel à DD, c'est-à-dire à R $\sin \alpha$.

Fig. 1

Si nous prenons la valeur moyenne de l'avancement, relativement à R,
on obtient :

$$\int_0^{180} \frac{2\pi \cos \alpha \times \sin \alpha}{2\pi \cos \alpha} \, d\alpha$$

or nous remarquons que par les variations de α, le numérateur tend à représenter la surface de la demi-sphère de rayon OR et le dénominateur la projection, ou le grand cercle. L'intégrale a donc comme valeur 2.

Valeur du résultat. — Dans un gaz hypothétique il n'y aurait aucune correction à faire, ce serait le cas si les molécules étaient parfaitement sphériques et de volume à peu près nul, la vitesse de translation des molécules serait double de la vitesse du son (dans les gaz), de la lumière pour l'éther. Pour l'oxygène, à O°, ce serait

$$314 \times 2 = 628 \text{ mètres.}$$

Mais ce nombre est un maximum.

Il faut en effet tenir compte du volume des molécules matérielles. Nous n'avons à ce sujet que des méthodes grossières d'approximation.

Tout ce que nous pouvons dire, c'est que dans les liquides, nous pouvons admettre que les molécules sont à peu près en contact ; or les liquides sont en moyenne de 1 000 à 2 000 fois plus lourds que les gaz à qui ils donnent naissance si on les chauffe ; les molécules seraient ainsi en moyenne séparées dans les gaz par des espaces libres 10 à 13 fois plus grands (comme les racines cubiques).

Cela diminuerait d'autant la distance à parcourir, par les molécules, avant de se toucher, une molécule qui ferait 180 mètres de route libre se trouverait avoir fait l'équivalent de 200 mètres, au point de vue du transport de la perturbation.

Dans ce cas, pour une correction de 10 % que je considère comme un grand maximum, la vitesse de translation ne serait plus que de

$$314 \times 1{,}8 = 565.$$

Mais si on prenait $\frac{1}{13}$ de correction, si on compte que même dans des molécules se touchant la vitesse du son n'est probablement pas instantanée, on est conduit à admettre une correction moindre.

Si cette correction atteignait une valeur de 5 %, la valeur obtenue devient

$$314 \times 1{,}9 = 596.$$

C'est donc semble-t-il entre ces 2 valeurs que l'on doit chercher la véritable vitesse des molécules d'oxygène.

Nota. — Dans la production du son, il y a bien au début une vitesse un peu plus grande, venant de la vitesse de la paroi vibrante, mais ces différences s'annulent vite à quelque distance de cette paroi ; et ce qui se transmet alors c'est la suppression produite par l'onde (ou la dépression), la répartition diverse des molécules d'air.

Le rapport entre les 2 vitesses, de translation et de propagation, doit forcément varier suivant les pressions, les densités, la forme des molécules, mais pratiquement ce rapport sans être mathématique doit s'écarter assez peu pour les gaz dits parfaits, de 1,85.

EQUATION DE LA PRESSION

Supposons une molécule de masse m, de vitesse V, frappant une paroi élastique qui lui restitue sa vitesse.

La molécule passant de la vitesse V à o, cause une pression puis reprenant sa vitesse, elle en cause une autre, la paroi en la repoussant réagissant sur les molécules voisines.

La pression normale serait $2mV$.

S'il y a un angle, on admet que cette pression est $2mV \sin \alpha$; cela exprimé en kilogrammes.

Mais il y a des réserves à faire sur le coefficient $\sin \alpha$, et pour plus de sûreté, je préférerai, étant donné aussi que l'action de la paroi ne peut être négligée, trouver la valeur d'utilisation ($\sin \alpha$), par une expérience directe qui tiendrait compte de toutes les perturbations.

Considérons un vase de verre cubique contenant 1 litre d'oxygène de masse $= \frac{1,41}{9,8}$. Cette paroi reçoit N chocs, la pression sera

$$N \times m \times V \sin \alpha,$$

si m est la masse d'une molécule oxygène.

Toutes les molécules ne viennent pas exercer leur pression, ne viennent pas au contact de la paroi, mais une partie seulement. Mais au point de vue du calcul il est indifférent de connaître l'épaisseur de la couche agissante. Si cette couche est faible, la somme des masses des molécules agissantes est faible, mais le nombre de chocs est énorme, puisque la distance à parcourir pour 1 molécule est faible. Si cette épaisseur était doublée, la masse serait double, mais la distance à parcourir double, et le produit, la pression reste la même. Au point de vue calcul, nous pouvons ainsi agir comme si toutes nos molécules gazeuses venaient à tour de rôle frapper la paroi, mais en traversant complètement le vase, aller et retour, pour chaque choc.

Il faudra naturellement tenir compte de la trajectoire en ligne brisée; or, cette trajectoire, théoriquement, nous avons vu qu'elle est le double de la distance entre deux points, ici entre les deux faces du cube, c'est-à-dire $0^m,40$ pour l'aller et retour.

Mais nous avons vu que cette distance doit être corrigée de diverses manières, à cause de l'épaisseur des molécules, qui influent, de sorte qu'il est plus pratique pour nous de prendre la vitesse du son comme base, et notre distance comme $0^m,20$.

Nous aurons ainsi sur la paroi la même pression à enregistrer si nous supposons que toutes les molécules sont réunies en une seule, de $\frac{1,41}{9,8}$ de masse, parcourant la trajectoire moyenne avec la vitesse du son, que si les molécules agissent séparément.

Mais si on opère ainsi en tenant compte de la valeur moyenne du sinus qui est $0,5$ comme on a vu, angle moyen x de choc $= 30°$. On obtient la pression théorique sur une paroi hypothétique, qui ne vibre pas, qui ne changerait pas le libre parcours des molécules.

Dans ces conditions la pression serait, si Sinus x est le coefficient vrai :

$$\text{masse } \frac{p}{g} = \frac{1,41}{9,8}.$$

Espace parcouru $0,2$ à la vitesse 314. — Nombre de chocs : $\frac{314}{0,20} = 1.570$.

Pression

$$2 \times \frac{1,41}{9,8} \times \frac{314}{0,2} \times V \sin x = 103.3 \text{ kilogrammes}$$

ou 1 atmosphère, soit 1.033 pour chacun de nos 100 centimètres carrés.

Mesure du coefficient d'utilisation. — Soit un volume donné de gaz, enfermé dans un cylindre divisé en 2 parties par une paroi, fixe ou mobile, à notre volonté ; à la partie supérieure de B une ouverture permettra au gaz de s'échapper.

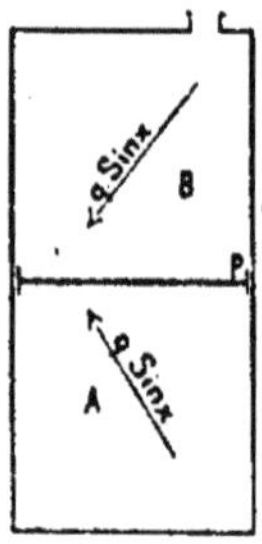

La partie A comprend un certain nombre de molécules gazeuses dont l'action sur la paroi P causera une pression que nous pourrons évaluer par $q \sin x$. Ce sinus x étant l'inconnu que nous cherchons, composés du sin 30° et de toutes les perturbations que cause la paroi (*fig.* 2).

En B les autres molécules agissent de même, causent la même pression, $q \sin x$, et la paroi P reste en équilibre entre ces 2 efforts contraires.

Mais je chauffe le gaz de A, si la paroi reste immobile, la pression augmente, si je voulais doubler l'action sur la paroi, il faudrait que je fournisse une énergie proportionnelle à q, ce n'est que si la valeur de q double que la pression sur la paroi double. Soit 1 cette énergie que j'ai fournie, ou soit c.

Mais si la paroi P n'est pas fixe, le gaz va se dilater, la paroi va reculer, créant une perte de vitesse, et je serai forcé de fournir plus de chaleur, d'énergie, parce que en plus de la quantité d'énergie employée pour doubler l'énergie intérieure, j'ai dû combattre la composante du gaz B sur ma paroi P, qui est $q \sin x$.

J'ai une nouvelle valeur, pour l'énergie nécessaire C, et l'on sait que $\frac{C}{c} = 1,4$ donc si $c = 1$ $C = 1,4$ et $(C - c) = 0,4$.

Ainsi : énergie q demande 1

           énergie $q + q \sin x$ demande 1,4.

Donc $\sin x = 0,4$.

Ce sera notre coefficient cherché.

Calcul de V en fonction de la pression. — Nous n'avons plus dans l'expression cherchée qu'à remplacer notre coefficient provisoire $\sin x$ par la valeur expérimentale $(C - c) = 0,4$.

$$2 \times \frac{1,41}{9,8} \times \frac{314}{0,2} \times V \times 0,4 = 103,3.$$

Malheureusement la valeur $C - c$ calculée expérimentalement, vu les difficultés techniques n'est pas très rigoureusement déterminée. Sa valeur varie suivant les expérimentateurs, entre 0,39 et 0,405. Si dans la formule on adopte les valeurs 0,395 et 0,40, les plus probables, on a respectivement 581 et 574 mètres.

La valeur probable de notre vitesse des molécules d'oxygène est ainsi de 580 mètres environ, établie d'après nos 3 équations, à quelques mètres près 5 % au plus.

Par des procédés analogues nous pourrons évaluer plus ou moins bien la masse de l'éther, sa vitesse, sa pression.

En combinant les résultats obtenus avec certaines données expérimentales, on peut retrouver facilement une série de valeurs numériques concernant les gaz, établir l'action sur la balance, la formule de Clapeyron, etc.

SUR LA COMPOSITION DES FORCES
ACTION DE L'ANGLE D'INCIDENCE

Lorsque l'on a à décomposer l'action d'une force, on opère suivant la règle du parallélogramme des forces, et si une force agit suivant un angle α, on admet que l'action est V sin α.

Mais ce qui est légitime pour le mot force, la force étant la résultante de pas mal d'actions jusqu'à présent mal déterminées, est-il légitime si l'on considère une molécule isolée, est-il légitime en ce qui concerne l'éther doué seulement de quantité de mouvement dans notre théorie.

Pour l'éther le cas est simple. Si on adopte la formule ordinaire, qu'on fasse agir cette molécule dans 2 directions successivement, ou dans un angle, on aura 2 valeurs. V sin α + V cos α dont la somme est supérieure à V, ce qui paraît difficile à admettre. Il semble plus rationnel d'admettre que cette somme ne saurait être supérieure à V, et que la molécule ne peut agir que suivant sa quantité de mouvement

Dans ce cas, la vraie relation serait V sin² α + V cos² α, car la somme $\sin^2 \alpha + \cos^2 \alpha = 1$.

Ce même raisonnement pourrait s'appliquer aux molécules matérielles considérées isolément.

Action de la paroi. — Lorsqu'une molécule agit sur une paroi, on la suppose immobile, quand on évalue l'influence de l'angle. Mais en réalité il n'en est jamais ainsi. On sait parfaitement que toutes les molécules vibrent et cette vitesse, si elle est en général plus faible que la vitesse des molécules gazeuses, est du même ordre de grandeur. Elle varie du reste avec les parois, avec la température. Sans discuter à fond cette question dans cet opuscule, il me paraît que cette vitesse qui doit atteindre le dixième au moins de la vitesse de nos molécules d'oxygène ne saurait être négligée.

Si on tient compte de ces deux sortes de faits, on voit qu'il n'est pas surprenant que la valeur moyenne sin α = 0,5 ne puisse s'appliquer aux calculs de la pression.

Ceci ne nous gêne en rien, puisque nous avons eu la précaution d'évaluer ce coefficient par expérience.

Si maintenant on cherchait à remplacer dans le calcul de l'action des molécules, la formule V sin α par la formule V sin² α qui paraît plus rationnelle, on trouverait une nouvelle intégrale dont le résultat représenterait le rapport de la demi-sphère en surface, à son volume, rapport qui est $\frac{1}{3}$ ou 0,33.

C'est peut-être ce coefficient théorique qui, modifié par l'existence des mouvements vibratoires des surfaces réceptrices, donnerait les différentes valeurs de $(C - c)$.

Si l'action sur la paroi est telle que nous la concevons, il en résulterait que les molécules qui agissent tangentiellement auraient une action très faible. Peut-être à cause de cela elles auraient tendance à suivre davantage encore les parois, phénomène qui se constate expérimentalement.

CHAPITRE IV

DÉPLACEMENT DES CORPS DANS L'ÉTHER
FORCE VIVE

Avant de commencer l'étude de l'éther, il est nécessaire de montrer que, tout en le considérant au point de vue pression comme un gaz, nous n'avons pas à nous occuper de la force vive, qui représente la grande différence qui existe entre les deux sortes de fluides. Ceci fait nous pourrons discuter la pression exercée par l'éther, avec les mêmes formules qui nous ont servi pour l'oxygène.

Nous aurons aussi à évaluer la vitesse et la masse de l'éther. Ce que je chercherai à obtenir, ce n'est pas un nombre exact, mais l'ordre de grandeur de ces quantités, afin de bien comprendre comment l'action de l'éther peut avoir le rôle prépondérant dans la nature.

Si l'éther possède masse et vitesse, comme je l'admets, si l'éther est composé de molécules indépendantes, se déplaçant comme celles des gaz, il en résulte :

1° l'éther doit exercer une pression sur la matière ;

2° la matière étant élastique, compressible, doit subir une variation de volume à chaque changement de pression.

Cette pression variera comme pour les gaz, avec la vitesse des projectiles, leur nombre et leur masse, ou si l'on veut avec la densité de l'éther, enfin avec l'angle d'incidence.

Vitesse de translation des molécules d'éther. — Angle d'incidence des chocs. Il y a entre la vitesse du son et celle des molécules gazeuses, la même relation qu'entre la vitesse de la lumière et celle de l'éther ; ceci est amplement démontré par l'étude de l'acoustique ; vibrations, longueurs d'ondes, interférences, réfractions, résonnance, tout est parallèle.

Si l'éther avait une densité très faible, la vitesse de translation serait exactement le double de celle du son; soit 6ooooo kilomètres par seconde. Mais l'éther a au contraire une forte densité; il est vrai que, à volume égal, la masse de l'éther peut et même doit être plus considérable que celle de la matière. Quant à l'angle d'incidence il doit être le même que celui des molécules gazeuses.

Il résultera de ceci que nous aurons tout autant d'exactitude et plus de simplicité dans les formules, en admettant que la valeur utile du choc est de 3oo.ooo kilomètres, mais alors nous ne tenons plus compte du sinus de l'angle d'incidence, les chocs sont supposés s'exercer normalement. Et quant au nombre de chocs, il serait également le même, puisque si la vitesse est double ou à peu près, en réalité, le chemin en ligne brisée est double également, donc il y a compensation.

J'adopterai donc comme vitesse, le chiffre 3oo.ooo kilomètres, que j'appellerai V, vitesse utile de l'éther.

FORCE VIVE

Lorsqu'un corps matériel se déplace dans l'espace, il éprouve d'abord une certaine résistance : la force d'inertie, mais une fois que la vitesse est acquise, cette inertie est nulle, le mobile continue son chemin sans nécessité de dépense d'énergie.

Tant que la vitesse a été en augmentant, il a fallu fournir à ce corps matériel une certaine énergie, que nous appellerons force vive. Ce travail accumulé peut se restituer en totalité ou en partie, suivant que le mobile s'arrête ou diminue de vitesse.

Cette énergie, inséparable de tout corps en mouvement, base de toute la mécanique est :

proportionnelle à la masse du corps.

proportionnelle au carré de la vitesse.

Avec notre coefficient pratique, c'est en kilogrammètres $\frac{1}{2} mv^2$.

Voici suivant nous l'explication de ces faits.

Lorsqu'une molécule matérielle, ou un ensemble de molécules se déplace vers une direction, la partie de la molécule que nous pouvons appeler l'avant, reçoit croisant plus de molécules d'éther, plus de chocs, de plus grande valeur; il est donc comprimé. La portion que nous pouvons appeler l'arrière, est dans le cas contraire, c'est-à-dire déprimée. Il se passe, à la grandeur près, le même phénomène que quand un corps élastique se déplace dans l'air, tout le monde a remarqué ce phénomène, la pression exercée d'un côté, le contraire de l'autre.

L'avant doit ainsi être plus comprimé, plus dur que l'arrière, et ceci concorde avec les faits d'expérience ; une balle de plomb, lancée avec une grande vitesse traverse des corps bien plus durs qu'elle sur lesquels elle pourrait s'écraser si elle n'était modifiée par la résistance de l'éther ; une bougie lancée avec force arrive de même à traverser une planche de chêne.

Seulement, si l'on évalue chacune de ces 2 actions, si on fait la somme algébrique, on s'aperçoit que la somme n'est pas nulle, parce que le nombre des chocs dont la valeur est accrue est plus grand que le nombre de chocs dont la valeur a diminué.

Evaluant ces deux quantités comme nous l'avons fait pour les gaz que trouve-t-on.

Si Nm représentait le nombre de molécules et la masse de chacune, qui entre en contact avec une surface donnée, à l'état de repos, la valeur de la pression sur les 2 faces du mobile sera donnée par les formules suivantes.

$$\text{repos} \quad 2\,[2Nm]\,V^2$$
$$\text{avant} \quad 2Nm\,[V + v]\,[V + v] = 2V^2 + 4vV + 2v^2$$
$$\text{arrière} \quad 2Nm\,[V - v]\,[V - v] = 2V^2 - 4vV + 2v^2$$

Le nombre de chocs s'il était $2NmV$ à l'état de repos devenant évidemment

$$2Nm\,[V + v] \quad \text{et} \quad 2Nm\,[V - v].$$

La somme algébrique des 2 faces du projectile qui se meut indique donc une surpression de $4v^2$, le corps diminuera de volume en emmagasinant du travail, c'est-à-dire que, en diminuant de volume, son élasticité s'est accrue. Si le corps s'arrête, il est trop comprimé pour la pression ambiante, il reprendra le volume initial, augmentant la vitesse ou la pression de toute molécule, éther ou matière qui sera en son contact.

Ainsi la pression exercée par l'éther sur un corps en mouvement augmente avec le carré de la vitesse, nous pourrons dire que la surpression qui constitue un des facteurs de la force vive est proportionnelle au carré de la vitesse, à v^2.

Proportionnalité à la masse. — Nous avons vu en parlant de la matière, que si on admet l'unité de celle-ci, ce qui paraît bien probable, aussi bien par ce que nous avons dit que par les conséquences qu'on peut en tirer, physiquement, l'idée de masse se confond dans les mêmes conditions d'existence, avec l'idée de volume occupé.

La compression que nous avons observée s'exerce sur toute la surface, et si celle-ci est 4 fois plus grande, et qu'il y ait une contraction, l'effet constaté, le travail emmagasiné sera évidemment 4 fois supérieur. Cette proportionnalité, pour l'épaisseur est tout aussi évidente ; voici un corps compressible de 20 centimètres d'épaisseur ; il perd sous l'influence d'une certaine pression 5 centimètres ; mais une fraction de ce corps de 2 centimètres d'épaisseur ne peut pas perdre autant, puisque 5 est plus grand que deux ; elle perdra quelque chose, beaucoup moins. L'épaisseur a donc agi pour diminuer le parcours, et la perte de volume, au point de vue absolu, est à variation égale, comparable à l'épaisseur.

Cette diminution est-elle rigoureusement proportionnelle à la différence de pression. Expérimentalement la proportionnalité paraît absolue, la force vive paraît bien proportionnelle à la masse pour le même v^2 mais nous n'opérons que pour des variations infiniment petites ; les vitesses que nous pouvons étudier expérimentalement sont négligeables devant les milliers de kilomètres par seconde qu'il faudrait pour diminuer le volume de 1 % par exemple. D'autre part, l'action de la pesanteur agissant sur les atomes paraît conduire aussi à la proportionnalité.

On pourra donc admettre que dans nos limites d'observation le travail agit relativement comme la surface et comme l'épaisseur, c'est-à-dire proportionnellement à la masse ou au volume occupé.

Réaction sur l'éther, d'où provient l'énergie emmagasinée. — Le travail qu'a absorbé le mobile et qui peut reparaître à l'arrêt ne peut provenir que de l'éther, il faut donc que celui-ci ait perdu quelque chose, sans quoi nous aurions une multiplication de l'énergie, celle-ci ne serait plus une quantité fixe, indestructible.

L'effort que nous faisons ou que produit un mouvement de l'éther en communiquant de la vitesse à un corps est pris à l'éther, celui-ci perd en quantité de mouvement ce que le mobile a gagné, et si l'éther est en équilibre n'agit de lui-même, c'est nous qui sommes obligé de fournir de quoi contrebalancer la différence de pression qui se produira tant que l'équilibre entre le milieu et le mobile ne sera pas établi.

L'intensité de l'action d'une molécule d'éther sur la molécule de matière M dépend de plusieurs causes, de la valeur du choc, les vitesses s'additionnant. Elle dépend encore de la tension de la molécule réceptrice, à la superficie, et de l'élasticité de la molécule en comparaison de la pression à subir, qui déterminera surtout le temps du contact.

Si la molécule M est immobile, en supposant qu'elle puisse rester sans vibrer, on conçoit que l'équilibre existe entre la pression de l'éther et la contre pression de la paroi matérielle.

La particule d'éther arrive, repousse la paroi qui s'était légèrement avancée dans l'intervalle des chocs, à cet endroit. La paroi se déforme sous cette pression, la vitesse de la molécule d'éther diminue, puis s'annule ; à ce moment, la pression exercée a correspondu à la disparition de la quantité de mouvement, mV ; mais la matière a subi, à cet endroit, un excès momentané de compression, elle se détend, et restitue à cette particule éthérée, sa vitesse primitive, puisque l'équilibre étant supposé établi, l'élasticité de la matière doit pouvoir tenir tête à la pression ambiante.

De là pendant cette restitution une nouvelle pression, pendant cette sorte de détente. La somme est ainsi, comme pour les gaz, $2mV$.

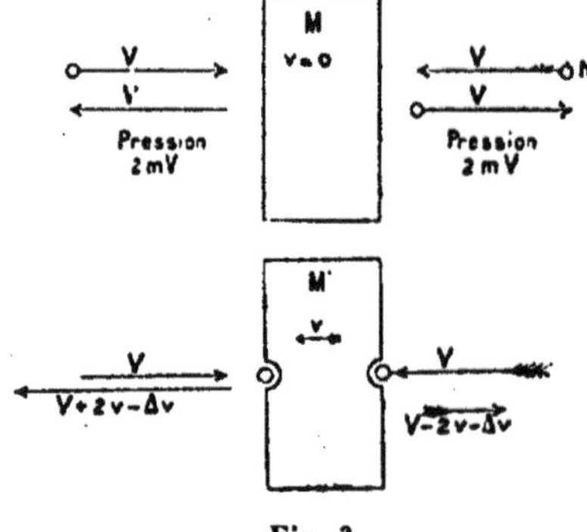

Fig. 3

Mais, si la molécule M se déplace nous allons avoir à constater d'importantes modifications à notre phénomène.

1° La molécule matérielle qui vient au devant d'une paroi en marche voit sa vitesse augmentée, si elle va à l'arrière, sa vitesse est diminuée. Non seulement cela est facile à concevoir, mais toute la mécanique des gaz, la compression de l'air, sa détente, le démontrent sans conteste. La modification de vitesse est proportionnelle à la valeur du choc, les vitesses pour v et V deviennent

$$V + 2v \quad \text{et} \quad V - 2v.$$

2° Si on examine de près ce qui se passe, on voit qu'il y a une correction à faire ; momentanément au moins, le choc venant en sens inverse diminue la vitesse du mobile d'une certaine quantité, proportionnelle à la valeur du choc.

Si la masse M est trop grande pour que son ensemble, sa masse entière participe à ce mouvement, la paroi est élastique, elle est localement modifiée dans son mouvement, le résultat est le même. Au total, nous devons modifier notre gain ou perte de mouvement, de façon à tenir compte de cette accélération locale qui se trouve être une addition quand les vitesses se retranchent, une perte quand elles s'ajoutent.

Les vitesses nouvelles sont ainsi devenues :

$$(V + 2v - \Delta v) \quad \text{et} \quad (V - 2v - \Delta v).$$

Nous aurons donc comme conclusion ceci : les chocs négatifs, où les vitesses se retranchent, sont mieux utilisés que les chocs positifs où les vitesses s'ajoutent.

La quantité de mouvement prise ou cédée est plus grande à vitesse égale dans un cas que dans l'autre, la *pression est mieux utilisée*.

Variation de Δv, ou de l'utilisation de la pression. — Si la molécule est parfaitement équilibrée comme pression avec l'extérieur, la quantité de mouvement perdue par l'éther, ou gagnée, est pour la valeur principale, de $2mv$, c'est cette valeur qui se traduira en modification de quantité de mouvement pour M, et qui déterminera son recul, la valeur de Δv.

Mais si la paroi n'est pas parfaitement en équilibre, au point de vue pression, il n'en est plus de même. Nous savons par expérience que, si nous envoyons un projectile, un coup, dans une matière relativement mobile, cédant sous le choc, toute l'énergie du projectile est accaparée par la matière réceptrice ; ce n'est que si elle gagne à ce choc suffisamment de résistance, de compression, qu'elle peut restituer quelque chose, une pression plus ou moins forte, en sens inverse.

Ainsi la valeur de Δv, et son action est complètement variable. Dans certains cas, cette valeur représente l'accélération du mouvement de la matière par le gain de mouvement mv, et est réglé par cette valeur. Souvent, et tant qu'un équilibre ne s'établira pas entre la pression intérieure et extérieure, entre la pression de l'éther et l'élasticité de la matière, ce Δv, qui peut prendre alors une valeur très grande, même diminuer la vitesse de la molécule d'éther, dans une forte proportion, viendra s'ajouter à l'action de la vitesse v, et toute la quantité de mouvement $m[v + \Delta v]$ sera employée à comprimer la molécule matérielle, à augmenter sa force élastique.

Par contre si à un moment donné cette force élastique se trouvait en excès, le contraire aurait lieu, et la molécule pourrait fort bien ajouter à la vitesse de l'éther, non seulement la vitesse voulue par le déplacement, mais encore une accélération additionnelle, venant de la dilatation, de sa paroi, trop comprimée.

Ainsi en résumé, nous avons affaire à une valeur de Δv essentiellement variable avec 2 facteurs :

Avec la direction du choc et celle de la matière;

Avec la force élastique de la matière.

TRAVAIL NUL A VITESSE CONSTANTE. RÉSISTANCE NULLE

Nous nous trouvons ainsi, grâce à la valeur variable de Δv, suivant l'élasticité de la matière, en présence d'un régulateur parfait. La matière en mouvement dans l'éther se comprimera jusqu'à ce qu'elle soit en équilibre; si elle se trouvait trop comprimée, elle se détendrait, jusqu'à ce que l'équilibre s'établisse de nouveau. Le coefficient Δv tend, étant à l'avantage des chocs négatifs, à accélérer le mouvement, le plus grand nombre de chocs de l'avant, tend à l'entraver, la variation d'équilibre se fera sur cet antagonisme.

Dans la pratique, cette action se produit d'une façon très simple, et que je ne puis qu'exposer succinctement puisque cela sera étudié plus loin. Les corps vibrent et continuellement; les parois des molécules matérielles se trouvent ainsi alternativement, et pour un temps très court, dans les conditions de pression tantôt de l'avant, tantôt de l'arrière d'un mobile en mouvement.

Prenons par exemple des molécules gazeuses à grande vitesse.

Lorsque ces molécules se mettent à se déplacer, comme dans le tube de Gessler par exemple, les conditions des vibrations sont changées, à l'avant, les vibrations sont rapides, de petite amplitude. A l'arrière, plus lentes, de grande amplitude, s'exerçant sur une matière moins comprimée, moins élastique. De là ces perturbations profondes dans les ondes émises par ces corps, causant des séries de pressions et de dépressions importantes, constituant toute la gamme des radiations observées dans le tube de Gessler, avec leurs curieuses propriétés, que nous aurons à étudier bientôt.

Cette vitesse de vibration se modifiera sous l'influence de la vitesse et se règlera au travail nul, à l'équilibre avec la pression extérieure, pour chaque vitesse étudiée.

Réaction sur l'éther. — Toutes les molécules d'éther placées à l'avant de la matière qui se déplace, reçoivent un accroissement de vitesse, celles de l'arrière une diminution. Tout le milieu se trouve ainsi perturbé par le déplacement de la matière; un courant s'établira, de l'avant à l'arrière, pour rétablir l'équilibre.

La matière de par le fait de son mouvement a une compression, représentée par sa diminution de volume, proportionnelle à v^2, ceci ne peut exister que si de par le fait de ce mouvement, l'éther environnant est dans les mêmes conditions. C'est ce qui arrive, et ce que nous démontrerons facilement, mais avant il sera nécessaire d'établir les propriétés de l'éther. La démonstration pour le cas de la force vive serait parallèle à celle que nous donnerons pour les vibrations.

Cette surcompression de l'éther se fait de par le fait de la répartition différente des quantités de mouvement, sans travail; ceci n'est possible que pour l'éther; dans les gaz ordinaires, grâce à la force vive, qui varie proportionnellement à la pression, une dépense d'énergie serait indispensable.

ÉVALUATION DE LA MASSE DE L'ÉTHER

Le principe dont nous allons nous servir est le suivant : si nous soulevons le piston d'un cylindre, de façon à faire le vide, nous devons fournir une somme d'énergie, égale au produit de la pression par la distance parcourue. Si ce piston a 1 centimètre de section, la pression atmosphérique étant 103^{kil},3, nous aurons à dépenser par mètre et par centimètre de section 1^{kgm},03.

Inversement, ayant le travail et l'espace, nous aurons la pression, c'est-à-dire une valeur qui, comme nous l'avons vu à l'étude des fluides, est une fonction de la vitesse que nous savons évaluer, par rapport à la vitesse de la lumière, et qui est entre 300 000 000 mètres et 600 000 000, et de la masse, c'est-à-dire de l'inconnue x de notre problème.

J'évalue approximativement la valeur de la translation des molécules d'éther à 600 000 kilomètres. Le nombre de chocs serait donné par $\dfrac{V}{2}$, relativement à la masse, et la valeur de chaque choc par $\dfrac{V}{2}$, à peu près, en tenant compte du sinus de l'angle d'incidence.

Du reste je ne cherche qu'une évaluation, l'ordre de grandeur de cette quantité.

Ainsi, si x est cette masse inconnue pour un mètre cube, la pression sur une superficie de 1 mètre carré sera

$$2\,x\,\frac{V^2}{4}.$$

Pour les 2 faces, avec la valeur de V = 600 000 kilomètres, la pression sera grossièrement représentée par xV^2.

Supposons maintenant que nous puissions avoir un cube de matière de 1 mètre cube de côté, entièrement plein, sans aucun interstice de vide. Ce corps hypothétique sera plus lourd que l'or, mais de combien, de 2 à 4 fois suivant les probabilités. J'adopte pour les calculs le chiffre 3; notre cube idéal pèserait 60 000 kilogrammes.

Ce cube lancé comme projectile avec une vitesse de 1 000 mètres par seconde, subirait une compression, donc il diminuerait de volume proportionnellement à v^2, en absorbant une quantité de travail $\frac{1}{2}\ mv^2$.

Ici

$$\frac{1}{2}\ mv^2 = \frac{1}{2} \times \frac{60\,000}{9,8} \times \overline{1\,000}^2 = 3 \text{ milliards de kilogrammètres.}$$

Si ce travail est emmagasiné sous forme de diminution de volume dans le sens comprimé, les parois intéressées ont accompli un certain trajet de contraction, et comme notre vitesse de 1 000 mètres est une valeur bien faible devant la vitesse des molécules d'éther, nous pouvons supposer que la diminution de volume, pour la très faible variation de pression relative est proportionnelle à cette différence de pression.

Or si nous tenons compte de ce que l'action de la paroi qui réagit est normale, de la valeur relative de v dans les facteurs de $(V + v)^2$ et $[V - v]^2$, la vraie proportion de l'action de v, sur la surpression devient $\frac{4v^2}{V}$.

La diminution relative de volume devient

$$\frac{4 \times \overline{1\,000}^2}{\overline{600\,000\,000}^2} = \frac{1}{90\,000 \text{ millions}}.$$

Correspondant pour la paroi à un espace parcouru de

$$\frac{1 \text{ mètre}}{90\,000 \text{ millions}}.$$

C'est ce parcours infime qui a suffi à emmagasiner la surpression représentée par la force vive, par 3 milliards de kilogrammètres. Et si dans l'équation espace $\times$ pression = 3 milliards de kilogrammètres nous remplaçons les expressions par leur valeur numérique nous obtenons $x = 750$.

Soit la masse équivalente à 7 500 kilogrammes par mètre cube.

Ce chiffre n'est qu'une approximation, il pourrait aussi bien être 1 000 que 10 000.

Seulement comme la densité absolue des molécules d'éther doit être plus grande que celle de la matière, que les molécules sont probablement sphériques, cette densité correspond plutôt à celle d'un gaz à molécules de parcours très faible, de masse infiniment petite, plutôt qu'à un liquide comparable aux nôtres; et la quantité serait-elle par mètre cube 10 fois plus forte, ce serait encore un fluide, les calculs sont plus simples dans ce cas que si l'on avait affaire à un liquide.

CHAPITRE V

—

PHYSIQUE DE L'ÉTHER

N'ayant plus à nous occuper de force vive, en ce qui concerne l'éther, nous allons pouvoir étudier l'éther en ne tenant compte que de la quantité de mouvement de ses molécules, et en déduire toute la physique.

Ce gaz existant ainsi dans tout l'espace, avec la vitesse énorme de translation de ses particules, sa forte densité, paraît représenter le grand réservoir d'énergie de la nature, et en dernier ressort, la force est toujours issue de la quantité de mouvement de l'éther.

La matière, au contraire, joue plutôt le rôle de condensateur de cette énergie qui la baigne ; c'est le fluide qui entoure tous ses atomes qui l'a amené et qui la maintient au volume d'espace qu'elle occupe, et ce fluide en agissant a dû faire reculer la paroi élastique que la matière lui opposait, a perdu par cela même de sa quantité de mouvement, de sa vitesse, et ce que nous avons appelé la force élastique de la matière a été augmenté d'autant.

Si la force élastique de la matière paraît indiscutable théoriquement et expérimentalement, si on peut en tirer des conséquences très importantes, on ne sait rien de la constitution intime de la matière.

Il y a dans la nature beaucoup de formes de ce que nous avons appelé la force, mais ces forces et les résultats qu'elles produisent peuvent toutes se transformer les unes dans les autres, et cela est forcé, puisque au fond nous n'avons toujours comme cause dernière que la quantité de mouvement de l'éther à considérer dans notre théorie.

Les affinités moléculaires laissent libre, dans les réactions, de la chaleur. Pour évaluer la chaleur dégagée dans les combinaisons, on a recours à des expériences longues, délicates de la calorimétrie. Mais si on veut éviter ce travail, il suffira de multiplier la force contre-électro-motrice de décomposition par un coefficient facile à calculer, en assimilant le volt à une pression, ou, ce qui revient au même, à une température.

Ce coefficient, est 23.

Pour l'eau, le chlorure de sodium, par exemple, nous trouvons pour 1,48 et 4,23 volts, les chaleurs moléculaires 34,5 et 97,3 qui sont parfaitement concordantes.

Il en est ainsi de toutes les autres formes de l'énergie.

En ce qui concerne spécialement la matière, sa forme d'emmagasiner l'énergie est toujours la même, c'est une diminution de volume qui se produit, soit par l'électricité, le mouvement, la chaleur, l'affinité chimique.

Les définitions qui nous intéressent au point de vue mécanique sont alors les suivantes :

Pour l'éther. — Ce qu'on appelle *énergie* contenue dans un espace donné, c'est la *quantité de mouvement* des particules contenues dans cet espace, c'est-à-dire le produit de la masse ou quantité, par la vitesse.

Cette énergie se manifeste par la *force*, ou *pression* ; cette force, s'évalue pour un espace, une superficie donnée, par le produit du nombre de chocs reçus, de leur masse, de leur vitesse, en tenant compte de la direction.

Ainsi définie la force est encore un terme vague, si on veut pouvoir comparer des forces entre elles, des pressions, il faudra prendre une unité, et fixer la valeur du produit pour un temps bien déterminé, la seconde par exemple, et pour une surface donnée, c'est le centimètre carré, nous avons alors notre unité pratique, qui dans ces conditions est 1,03 kilogramme. Si dans l'évaluation d'une force on ne met pas ce mot atmosphère, il faudra préciser la façon dont l'évaluation est faite, ou au moins laisser comprendre dans les comparaisons que l'on adopte tacitement la seconde par exemple, comme unité de temps, le mètre pour les vitesses, etc.

Il y a un mot très fréquemment employé et qui l'est dans des conditions très différentes suivant les personnes et suivant les cas, c'est la *puissance* ; si on l'emploie pour les leviers. il correspondrait à la pression, employé pour les machines, ce serait la faculté de produire un certain travail, mais alors il faut définir non seulement le travail, mais encore toutes les autres conditions, et elles sont légion, de sorte que cette expression donne lieu à des discussions continuelles. Ici, si on veut donner la puissance comme produisant du travail, cela revient à la confondre avec la quantité de mouvement. C'est ainsi que l'on pourrait dire qu'un espace d'éther est plus puissant qu'un autre parce que il contient, à pression égale, plus de molécules d'éther, et que si un corps se déplace dans ce milieu, il subira une pression, capable de lui faire perdre plus de volume que s'il avait à se déplacer dans un espace où les molécules d'éther ont plus de vitesse, ce serait par exemple le cas de certains champs électriques.

Pour la matière, l'antagoniste de l'éther, nous avons deux sortes de grandeurs : la *quantité de mouvement* produit de la masse par la vitesse ;

La *force vive*, ou excédant de force élastique, en comparaison de la position d'équilibre, dans le milieu éthéré où nous vivons. Cette force vive vient de la compression que la matière a subie, et qui a eu comme effet de diminuer la quantité de mouvement de l'éther ambiant.

D'une façon générale, la quantité de mouvement est peu de chose au point de vue de la force vive, à moins que confinée dans un petit volume, la molécule matérielle ne puisse, par des chocs infiniment nombreux, causer une pression plus ou moins grande, mais toujours bien faible en regard de celle causée par l'éther.

ÉNERGIE DE LA MATIÈRE
ÉNERGIE NORMALE, ÉNERGIES ADDITIONNELLES

Si une molécule de matière est en équilibre, au milieu de l'éther ambiant, elle possède une certaine tension, par conséquent une certaine force élastique, et pour des molécules, de diverses grandeurs, soumises à la même pression, les énergies de chacune seraient proportionnelles au volume.

Mais la matière peut subir des efforts capables d'ajouter ou de retran-cher quelque chose. Ce sont :

Les vibrations, et toutes les molécules vibrent comme nous le verrons, le résultat est une surcompression.

L'état de mouvement, de translation, tous les corps de la nature se meuvent. Il faudra tenir compte des mouvements relatifs, en dehors du mouvement général, comme celui de la terre par exemple.

La molécule peut subir une pression mécanique accidentelle.

La molécule peut subir l'action d'une série d'ondes de l'éther.

Elle peut être plongée dans des champs électriques, c'est-à-dire de densité diverses, et les vibrations auront des effets divers suivant les cas.

Toutes ces énergies peuvent s'ajouter, comme se retrancher.

Nous les retrouverons toutes successivement.

Ce que nous observons dans la pratique, ce sont des différences, des variations très faibles de ces diverses valeurs. Ces variations qui paraissent énormes à nos yeux sont peu de chose vis-à-vis de la pression normale de l'éther qui se trouve de l'ordre des millions de milliards d'atmosphères.

RELATION ENTRE LA VITESSE, LA PRESSION ET LA QUANTITÉ DE MOUVEMENT DE L'ÉTHER

Si dans un vase quelconque nous avons enfermé un certain nombre de molécules matérielles en mouvement, nous observons une certaine pression ; et nous savons que ces molécules ont une certaine énergie, que nous appelons force vive.

Si nous doublons la vitesse, nous savons que la pression est quadruplé ; mais pour doubler la vitesse, il nous a fallu quadrupler la force vive. En doublant la vitesse, nous avons en effet rendu la pression du choc deux fois plus grande, et en même temps, nous avons doublé le nombre de chocs, par molécule. Dans le second cas, nous avons vu que la force vive est comme le carré de la vitesse.

Il y a ainsi correspondance entre ces deux valeurs, et à une constante près, dans un volume donné, donner la pression, c'est donner la force vive, l'énergie, par conséquent le travail que l'on pourra obtenir, d'une façon ou d'une autre.

Pour l'éther, il n'en est pas ainsi, et les conséquences qui découlent de ce fait dominent toute la physique. Si en effet dans un volume donné nous pouvions isoler une certaine quantité d'éther, contenant une certaine quantité de mouvement (qui ici est synonyme d'énergie), et que nous doublions la vitesse, la pression est encore quadruplée, mais comme nous n'avons pas à nous occuper de force vive, la quantité de mouvement, d'énergie, a seulement doublé.

Ainsi si la vitesse passe de V à $[V + v]$ la pression a augmenté de $2vV + v^2$. Le premier terme de cette augmentation est très grand, grâce au terme V, malgré une valeur même faible de v. Relativement le second terme est si petit, qu'on peut le négliger.

Résultat : avec une légère addition de quantité de mouvement, en augmentant v, nous pouvons obtenir des pressions considérables.

Mais il y a une autre conséquence à en tirer, et qui peut paraître au premier abord paradoxale, quoique très facile à expliquer. Supposons que, dans un espace d'éther confiné, nous puissions séparer les molécules en a couches séparées ; dans l'une nous retirons à l'ensemble des molécules une certaine quantité de mouvement, et nous reportons cette énergie sur les molécules de l'autre portion.

$$\text{Nous avions, } 2M \text{ molécules de vitesse } V$$
$$\text{Nous avons } \quad M \text{ molécules vitesse } \quad [V + v]$$
$$M \quad \text{»} \quad \text{»} \quad [V - v].$$

Notre énergie n'a pas bougé, alors que pour un gaz, elle aurait été augmentée.

Le résultat de ce classement est double ; une portion va augmenter de volume, l'autre va diminuer de volume, celle qui augmente de pression, empiétant forcément sur l'autre portion. Mais le résultat du calcul montre que la somme n'est pas nulle, l'un gagne plus que l'autre ne perd :

$$M\,[V + v]^2 = M\,[V^2 + 2vV + v^2]$$
$$M\,[V - v]^2 = M\,[V^2 - 2vV + v^2]$$

c'est-à-dire que sans augmenter la quantité de mouvement, nous avons produit une pression, c'est-à dire une force.

Ce phénomène que nous avons supposé possible pour les besoins de la cause n'est-il qu'une vue théorique, irréalisable. Nous allons voir que non. Si nous supposons que d'un côté la paroi se déplace, de façon à amener un certain nombre de chocs d'une paroi vitesse v' avec nos molécules d'éther, celles-ci combineront leur vitesse à v', suivant l'angle d'incidence, etc., et nous aurons une vitesse moyenne $[V + v]$. Déplaçons la paroi opposée de façon à modifier d'autres molécules, en sens opposé, elles prennent une vitesse $[V - v]$ et l'expérience est réalisée.

C'est ce qui se produit, quand un corps vibre, lorsqu'il produit de la lumière, qui n'est qu'une des fréquences de la vibration. Sous l'influence de cette vibration tout l'espace se trouve divisé en 2 sortes d'ondes, les unes d'excès de vitesse $[V + v]$ les autres en déficit. Ici en plus les premières sont plus nombreuses que les secondes, ce qui augmente encore l'effet. Le résultat sera une surpression moyenne et nous savons que les corps qui vibrent ont une pression, une énergie emmagasinée (équivalent mécanique de la chaleur), d'autre part nous aurons 2 séries d'ondes de pressions différentes capables d'agir sur nos yeux, par exemple, sur le sélénium, etc.

Si on veut aller jusqu'au fond des choses, chercher à comprendre les phénomènes naturels, la lumière par exemple, au lieu de se contenter de formules, on verra que des phénomènes comme ceux que nous venons de décrire sont en quelque sorte nécessaires.

D'après ce que nous disons, une légère addition ou quantité de mouvement pour l'éther produit une surpression énorme. Cherchons à nous rendre compte de la différence qu'il y aurait, en comparaison avec l'oxygène.

10 calories, soit 4.200 kilogrammètres, fournis à un mètre cube d'oxygène, augmenteraient la température de 5°, et la pression, à volume constant, de $\frac{1}{50}$ atmosphère environ; alors que le même travail, sur un mètre cube d'éther, avec une augmentation de vitesse de $0^m,60$ environ, correspondrait à une surpression de 150.000 atmosphères, à cause de l'énorme coefficient de 600.000.000 qui entre dans la formule.

Ainsi, une action mécanique faible, pourra créer, des séries de pressions, alternativement positives et négatives, correspondant à une somme de travail presque nulle, alors que les différences de pressions énormes au début, seront encore assez fortes pour frapper l'œil, après avoir agité des kilomètres cubes d'éther.

RELATION ENTRE LA DENSITÉ DE L'ÉTHER ET SA PUISSANCE OU TRAVAIL QU'IL PEUT EFFECTUER

En modifiant la répartition de la quantité de mouvement dans une masse d'éther, nous avons bien augmenté la pression, mais il ne faudrait pas en conclure que nous avons, avec rien, créé du travail, la pression devient plus grande, mais si nous voulons nous servir de cet éther pour obtenir du travail, nous n'en aurons pas plus qu'auparavant, contrairement à ce qui se passerait pour un gaz ordinaire. Et il faut bien qu'il en soit ainsi, sans cela notre principe de la conservation de l'énergie ne serait pas respecté.

Un exemple numérique fera bien comprendre combien un même travail fourni influence différemment 2 séries de molécules d'éther, lorsque les quantités de mouvement, à pression égale, ne sont pas identiques.

Prenons 2 séries de molécules de 40 et 10 unités, les premières ont 10 mètres de vitesse, les secondes 20 mètres, le rapport des pressions sera :

$$\frac{P}{P'} = \frac{40 \times 10^m \times 10^m}{10 \times 20 \times 20} = \frac{4.000}{4.000}$$

Au contraire les quantités de mouvement sont :

$$\frac{mv}{m'v'} = \frac{4o \times 1o}{1o \times 2o} = \frac{2}{1}.$$

Mais faisons travailler ces 2 éthers de pression égale, jusqu'à ce qu'elles aient perdu même quantité de mouvement, 4o par exemple : les masses étant constantes, il faudra une perte de vitesse de 1 mètre pour chacune de nos 4o molécules, mais de 4 mètres pour les autres ; le travail produit a été le même, que sont devenues les pressions :

$$\frac{p}{p'} = \frac{4o \times 9 \times 9}{1o \times 16 \times 16} = \frac{3.240}{2.560}.$$

La seconde série a donc perdu une portion bien plus grande de sa pression.

Si nous faisons déplacer un corps, comme nous l'avons fait pour l'étude de la force vive, dans deux milieux éthérés de même pression, mais de vitesses différentes, V et 2V, les réactions seront modifiées, quantitativement. La densité de ces éthers sera respectivement m et $\frac{m}{4}$, puisque les pressions sont constantes et comme $[mV^2]$.

Développons successivement les pressions :

$$\begin{cases} \frac{m}{4} [2V + v]^2 \\ \frac{m}{4} [2V - v] \end{cases} \quad \text{et} \quad \begin{cases} m [V + v]^2 \\ m [V - v]^2 \end{cases}.$$

Nous trouvons en simplifiant :

1° que les excès et différences de pression à l'avant et à l'arrière des mobiles est respectivement :

$$\left. \begin{array}{c} + \ mvV \\ - \ mvV \end{array} \right\} \text{éther vitesse 2V}$$

et

$$\left. \begin{array}{c} + \ 2mvV \\ - \ 2mvV \end{array} \right\} \text{éther vitesse } V$$

c'est-à-dire, que les différences d'intensité, de pression varient comme la vitesse, soit comme la racine carrée de la densité.

2° le travail de surcompression est :

$$+ \ 2m \frac{v^2}{4} \ \text{éther vitesse 2V, masse } \frac{m}{4}$$
$$+ \ 2mv^2 \ \text{éther vitesse } V, \text{ masse } m.$$

Le travail effectué en compression est ainsi proportionnel, exactement à la densité de l'éther, à vitesse égale.

Ce travail de surcompression de la molécule est l'équivalent de l'augmentation de pression que subirait l'éther, par l'exagération de la différence des vitesses dans les ondes.

Dans le même ordre d'idées nous pouvons tirer des déductions dont l'importance pratique sera énorme. Nous allons avoir à nous occuper des vibrations moléculaires. Or une molécule vibrant, la paroi se trouve alternativement dans les mêmes conditions de pression et de dépression, que pour la partie avant du mobile qui se déplace dans l'éther, d'une part, que pour la partie arrière d'autre part. Nous aurons à faire prochainement les mêmes calculs, arrivant à des conclusions analogues : la surpression exercée et sur la molécule par ce double mouvement, surpression qui s'évaluera par $m\,v^2$, et qui produira l'équivalent mécanique de la vibration connu sous le nom d'équivalent de la chaleur.

Cette surpression, et ceci servira en électricité, sera influencée par la densité de l'éther (même calcul que précédemment) de la façon suivante.

La surpression exercée par une vibration de vitesse v, dans un éther est proportionnelle à pression égale à la densité de l'éther et la surpression exercée sur la paroi est également proportionnelle à cette densité, soit à l'inverse du carré de la vitesse de l'éther.

Nous sommes ainsi d'accord avec le principe universellement adopté de la conservation de l'énergie.

MOUVEMENTS DANS L'ÉTHER

Nous pouvons comparer l'éther à un gaz ; d'après notre point de départ, cela nous est permis, et nous pourrons ainsi simplifier les raisonnements, en nous aidant de l'expérience.

Si dans un tuyau fermé à une extrémité et plein d'air, nous introduisons brusquement, près de la partie fermée, une nouvelle quantité de gaz, ou d'air chaud, nous avons à constater deux phénomènes bien distincts.

La première constatation est celle-ci ; nous avons produit une pression, et presque immédiatement, ou du moins avec une vitesse dans laquelle la rapidité de translation des molécules gazeuses tient le principal rôle, nous constatons une pression à l'extrémité libre du tuyau, nous avons

reçu une onde, que, dans ce cas, nous pourrons appeler une onde positive.

La seconde constatation est la suivante. Nous avions introduit de l'air
chaud, pour provoquer une pression, mais cet air chaud ne reste pas
stationnaire ; si nous suivons la marche de la température, nous voyons
que cet air chaud se mélange peu à peu à l'air froid du tube, de sorte
que notre température va se diffusant, nous avons ce qu'on a appelé les
courants de convection ; les molécules chaudes vont peu à peu se mélanger
aux froides, leur communiquer de leur température.

Mais ce n'est pas tout encore, seulement cette constatation est d'un
autre genre ; nous pourrons, si dans ce tube nous avons mis des corps
matériels, nous apercevoir que ces corps sont devenus chauds aussi,
aux dépens de notre gaz chaud, et lorsque celui-ci sera froid, ces corps
restitueront à notre gaz, peu à peu, ce qu'ils lui avaient pris, ce qu'ils
avaient emmagasiné.

Ce sont ces phénomènes exactement que nous allons avoir à étudier
successivement pour l'éther.

Augmentons dans un espace libre, le vide, la pression et la vitesse
des molécules d'éther ; un courant électrique, l'introduction d'un corps
chaud, peuvent nous servir pour cela. Nous constatons tout d'abord une
onde ou une série d'ondes de pression, par exemple si notre perturbation
était causée par l'introduction d'un corps chaud, ou par des oscillations
d'un condensateur. Ici c'est la vitesse de translation des molécules d'éther
qui agit.

En plus nous aurions tout à l'entour de ce corps un champ où l'éther
a un excès de vitesse ; ce champ s'étend peu à peu, le corps chaud cédera
son énergie graduellement à un nombre de plus en plus grand de molécules. C'est ce que j'appellerai le cheminement des molécules, c'est la convection des molécules d'éther, par opposition au premier phénomène, celui
de la pression, ou des ondes, ou des différences de phases dans la répartition des chocs.

Dans ce second phénomène, ce n'est plus une constante à qui nous
avons affaire, mais à un coefficient de déperdition, d'autant plus grand
que V est grand, que la différence entre V et $(V + \alpha)$ est augmentée.
Ainsi la convection sera plus grande pour l'hydrogène que pour les autres
gaz, mais pour un même corps, comme pour l'éther, V est presque une
constante, relativement aux variations α, α', α'' etc., qui varient énormément, quoique toujours bien faibles pour V. De ces deux coefficients, le
second seul aura donc pour nous de l'influence.

Enfin rien ne nous empêche d'entourer notre foyer de perturbation de molécules, d'air, d'enveloppes de feutre, comme dans les calorimètres, pour retarder cette convection, pour emmagasiner notre pouvoir de perturbation, en diminuant l'augmentation de vitesse, pour le moment. Nous aurons ainsi enfermé notre perturbation, nous l'aurons emmagasinée dans un champ, électrique, calorifique, etc.

Ce sont ces phénomènes que nous trouverons successivement dans les applications que nous allons étudier.

TRANSMISSION DES ONDES
TRANSVERSALEMENT, LONGITUDINALEMENT, OU EN TOUS SENS?

La physique, dans les théories et les calculs, concernant la lumière, admet que la transmission des ondes de pression et de dépression, se fait transversalement au rayon lumineux, et l'on indique généralement, comme terme de comparaison, le mouvement de la crête des vagues et les ondulations d'une corde à laquelle on imprime un mouvement de lacet.

Adoptant notre manière de voir, on ne peut admettre le mouvement transversal, la comparaison à une corde où tous les brins sont fortement reliés ensemble, d'un fluide à particules aussi mobiles que celles de l'éther.

Il y a une constatation assez curieuse à faire, à ce sujet, c'est que ces ondes si dissemblables, transversales dans un cas? longitudinales dans l'autre? dans une corde, un liquide, ou un gaz donnent lieu aux mêmes phénomènes, aux mêmes interférences, pressions, dépressions, résonnances, comme si l'on avait affaire toujours au même phénomène, on sait en effet combien sont comparables les études d'acoustique dans l'air, de la lumière, etc., dans l'éther.

Mais nous pouvons aller plus loin, si l'on descend au-dessous de la surface liquide, un indicateur de pression indiquera, par la pression, le passage des ondes qui gonfleront la surface, si c'est un rocher, il pourra être ébranlé par le choc, et augmentera par sa présence la hauteur de la vague, à cet endroit. Si un conduit sous-marin vient aboutir, au-dessous de la surface, les ondes se feront sentir dans cette conduite, et pourtant la surface ne peut osciller. Tout se passe donc, comme si la courbe représentant le niveau du liquide ne servait que d'indicatrice de la pression, la masse soulevée comprimée entre 2 ondes emmagasinant en plus une portion de la pression.

Enfin produisons une onde à l'entrée d'un tuyau d'air, dans lequel nous supposons la paroi extrêmement élastique, flexible. Le passage des ondes sonores se traduira par une extension de la paroi flexible, un gonflement qui circulera le long de la conduite, comme la vague sur la surface liquide ; et des manomètres placés de distance en distance, indiqueront le passage des ondes de pression.

Ainsi ondes transversales et longitudinales, paraissent au fond avoir une même cause, la pression. Si les calculs que l'on fait sont exacts, c'est simplement parce que la courbe représentée par la crête des vagues ou bien les variations du cosinus, dans les théories de la lumière, ne sont que les courbes représentant, en analytique, la courbe des pressions éprouvées dans le liquide, l'air ou l'éther, les courbes sont la traduction naturelle ou mathématique d'un fait : les variations de la pression.

Notre explication est donc simple : dans un fluide quelconque, un mouvement d'une paroi donne aux molécules rencontrées un excès de vitesse v, dans le sens du mouvement. Si par des chocs successifs cet excès de vitesse se traduisait latéralement, les composantes latérales se détruiraient si le fluide était encadré par une paroi rigide, se traduiraient par une pression transversale, si cette surface était flexible. Et dans l'espace, ces composantes latérales se gênent entre elles, se paralysent, laissant intacte l'accélération dans le sens du mouvement.

Cela est vrai pour l'éther comme pour les gaz, et cela explique comment l'acoustique est si semblable à l'optique, de même que nous allons trouver pour chaque phénomène qui se passe dans les gaz, le phénomène analogue dans l'éther.

En résumé pour nous l'effort de la vibration se traduit dans l'éther comme dans un fluide, la transmission dite transversale ne correspond à rien dans notre théorie.

TRANSMISSION DES ONDES DE PRESSION
DIFFÉRENCES DE PHASES

Les différences de pression, donnant lieu à des ondes positives ou négatives, peuvent provenir de 2 causes, qui donnent lieu aux mêmes conclusions ; on augmente la densité du milieu sans diminuer la vitesse en proportion, ou bien on augmente la vitesse sans diminuer la densité, d'où excès de pression qui ne peut se maintenir, et l'onde qui va chercher à rétablir l'équilibre. Souvent ces 2 phénomènes s'ajoutent ; la paroi d'une molécule oscille, elle diminue l'espace libre et augmente la densité, et en même temps modifie la vitesse.

Pour étudier ce qui se passe, nous prendrons la même méthode que celle qui a servi pour les fluides ; d'abord un cas exagérément simple, qui nous permettra de passer ensuite au cas pratique, dans l'espace.

Premier cas théorique. — Je suppose que dans une portion d'espace, représentée par un cylindre de hauteur AH, les molécules qui se trouvent sur la même ligne verticale, pour une cause quelconque, que nous ne pouvons réaliser pour l'éther, se rencontrent toutes, normalement ; les plans de tangence au contact tous parallèles entre eux sont perpendiculaires à la direction des mouvements.

L'expérience, ou du moins une très semblable, avec des billes d'ivoire suspendues, montre, que conformément à la théorie, quelles que soient les différences de vitesse, ces vitesses s'échangent ; il faut naturellement des billes égales. Si l'une a une vitesse V, l'autre étant immobile, après le choc, c'est la bille immobile qui a pris la vitesse V, ceci est aussi parfaitement connu de tous les joueurs de billard.

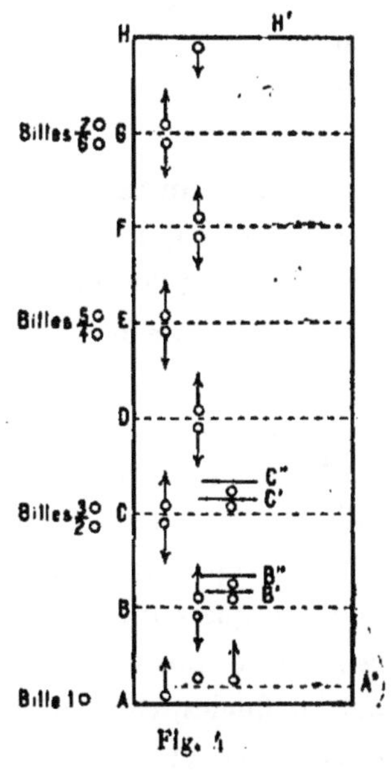

Si, au contraire, les chocs n'étaient pas bien normaux, si les 2 billes, leurs directions, le point de contact n'étaient pas absolument en ligne droite, les vitesses se modifieraient plus ou moins, suivant la direction du choc. Une bille de vitesse V rencontrant une autre immobile, avec un angle de 45°, partagerait sa vitesse avec l'autre.

Je figure ici en pointillé les plans dans lesquels les molécules se touchent normalement, A, B, C, D, E, F, G, H (*fig.* 4).

Les chocs se produisent régulièrement sur la paroi H, qui enregistre une pression moyenne, $2NmV$ comme nous avons vu, si N est le nombre de chocs, pour un temps donné, m la masse d'une molécule, V la vitesse.

Je vais maintenant troubler toute l'harmonie établie, je vais établir ce que je puis appeler une différence de phase, pour cela pendant que la bille 1 s'en va vers B, j'avance momentanément la paroi A, je la place A'. Au retour, la bille 1, qui vient de rencontrer la bille 2 sur le plan B, ne peut parvenir jusqu'en A, elle se trouve donc en avance de l'espace évité, soit 2AA', elle arrive de nouveau sur le plan B, alors que la bille 2 qui a fait le trajet ordinaire est encore sur le plan B″ ; le choc aura donc lieu, sur le plan B′, à une distance BB′ égale à la distance qui sépare les plans AA′.

Nous avons ainsi gagné une distance AA′ ; pendant le temps compris entre 2 chocs consécutifs.

Pour la même raison, après un temps égal, la bille 3, revenant du plan D. rencontrera la bille 2 non sur le plan C, mais sur le plan C′, et ainsi de suite.

Notre avance se conserve ainsi indéfiniment, et elle se dirige vers la paroi II, qui est atteinte dans un espace de temps qui sera d'autant plus court que la vitesse est plus grande, c'est-à-dire que notre perturbation marchera vers II′ avec la vitesse V des molécules, à ce moment, la bille 7 de notre figure arrivera en II avec une avance de IIII′ = AA′, notre perturbation s'est traduite par une perturbation analogue. La pression momentanée a été augmentée en II par deux chocs consécutifs.

Extension au cas pratique. — Ce cas correspond à ce que j'ai appelé l'augmentation de densité de l'éther, la zone AB où se déplace la bille 1 ayant été diminuée, la masse étant la même, cela correspond à l'augmentation de densité, par conséquent de pression.

Si nous passons à la pratique, nous savons que les chocs se produisent dans tous les sens possibles, dans l'éther, comme dans les fluides, pour les mêmes raisons déjà étudiées.

L'avance que nous avons communiquée à la bille 1, et à celles de la zone AB, se passera de proche en proche, toujours avec une vitesse constante, puisque toutes les billes ont même vitesse, seulement, la distance des plans de choc variera, et l'avancement moyen aussi ; mais, comme pour les fluides, cet avancement moyen atteindra une moyenne que nous avons calculée être, 0,5 correspondant à V sin 30°. Cela représentera notre vitesse de perturbation.

Si au lieu de se passer dans un cylindre, cela se produit dans l'espace, l'avancement sera toujours le même comme vitesse de propagation, mais notre distance mesure de la perturbation AA′ se rapprochera de plus en plus des plans tels que A, B, C, D etc. Autrement dit, lorsque la perturbation sera arrivée, elle se sera communiquée à un nombre de plus en plus grand de molécules, dont chacune aura profité de l'avance, mais dans une faible portion. La perturbation sera la même, en intensité, mais la surface sur laquelle elle apparaîtra, aura augmenté proportionnellement comme le carré du rayon à partir de la zone d'ébranlement, et l'intensité relative, par unité de surface aura diminué d'autant.

Deuxième cas. — C'est celui extrêmement fréquent ou la paroi d'une molécule communique à l'éther un excès ou une diminution de vitesse, ce cas se confond donc ainsi avec ce que nous avons appelé le cheminement, mais lorsque cette différence de vitesse est faible, et c'est ce cas seul que j'envisage ici, la quantité de mouvement de la particule d'éther est peu différente de celle à l'état normal, et les propriétés spéciales que nous trouverons lorsque V est fortement diminué, sont à peine sensibles et nos appareils ne peuvent les retrouver.

Le cas le plus simple, où les molécules se rencontrent normalement est facile à résoudre, du moment qu'il y a échange de vitesse, les billes, 1, 2, 3, ... prendront successivement la vitesse $[V \pm v]$ que nous aurons donnée à la bille 1, par suite de la réaction momentanée de la paroi A, l'avancement se fera donc avec la vitesse $[V + v]$ sans qu'il soit besoin pour le comprendre de faire un raisonnement analogue à celui du cas précédent.

Si nous passons au cas pratique, où les molécules se rencontrent suivant un angle variable, de valeur moyenne $= 30°$, à chaque choc, l'excès de vitesse de la bille perturbée va diminuer, tous les joueurs de billard sachant bien qu'une bille partage sa vitesse avec l'antagoniste sauf le cas théorique où le choc est absolument normal. La vitesse de la perturbation va donc diminuer et se rapprocher de la vitesse normale V. Après un certain temps la différence sera absolument minime, et nous retombons sur la vitesse pratique, celle de la lumière.

Si l'ébranlement part d'une sphère de rayon r, isolé dans l'espace, le nombre de molécules qui se seront partagé notre perturbation et qui intéresseront une surface quelconque placée à une distance D, sera évidemment comme les rapports des surfaces des sphères de rayon D et r, comme $\dfrac{D^2}{r^2}$, comme le carré de la distance, et pour nos molécules matérielles vibrantes, si petites, D sera exprimé en rayons moléculaires, la diminution sera donc extrêmement rapide. Après un centimètre $\dfrac{D^2}{r^2}$ a déjà une valeur si grande que la différence de vitesse serait-elle de 1 kilomètre se trouve déjà presque semblable à V. La diminution est ensuite moins sensible, puisque les quantités échangées de vitesse sont comme $[V - v]$.

Ce cas est le cas pratique par excellence, la marche de cette sorte de perturbation marche de front avec l'augmentation de densité que le mouvement de la molécule communique à l'éther ambiant, ce sont les ondes de la lumière, de la chaleur rayonnante, etc., que nous retrouverons plus en détail aux vibrations. La paroi revenant à sa place, ou même reculant donne aux molécules qui la rencontrent durant son recul, une vitesse [V — v]. La nouvelle perturbation suit l'autre, avec cette vitesse, une autre suit de vitesse [V + v] etc. Et si elles ne se rencontrent pas, ne se troublent pas, c'est que ces vitesses se confondent avec V. après un espace court. Si au contraire on avait affaire à un solide très étendu, la décroissance ne se produirait pas aussi vite, et les ondes arriveraient à chevaucher les unes sur les autres.

CHEMINEMENT DES MOLÉCULES D'ÉTHER OU CONVECTION

Des molécules d'éther, de vitesse [V ± v] au lieu de V vitesse normale, perdent peu à peu leur différence de vitesse, par les contacts successifs, mais même sans cela, la quantité de mouvement a si peu varié, relativement à la valeur ordinaire mV que ces molécules n'ont pas de propriétés bien spéciales, et que cette différence peut passer inaperçue. Mais si cette différence de vitesse était grande, il n'en serait pas de même, et nous aurions toutes ces modifications des propriétés de l'éther, qui ont été récemment découvertes, et dont l'étude a révolutionné les anciennes connaissances que nous avions en physique.

Supposons une ligne AB, tracée au milieu d'un billard, afin de donner une comparaison dont on peut se rendre compte facilement. Sur cette ligne AB, posons une bille immobile ; $v = $ o, et de A ou de B dirigeons des billes d'ivoire, de même masse, de façon que le choc soit bien normal, on a le phénomène bien connu, les billes 2, 3, 4, etc., qui viendront rencontrer la bille immobile la chasseront devant elle, et elles resteront immobiles, il y aura toujours là une masse de vitesse = o, tantôt l'un, tantôt l'autre de nos projectiles, la vitesse de déplacement est o, comme la vitesse de la masse considérée.

Mais si cette bille a une vitesse v, bien déterminée, le changement de vitesse se produira encore ; chacune des billes envoyées de A ou de B prendra la vitesse v et la même direction que la masse avec laquelle elle entre en contact, mais toujours le long de la ligne tracée, une bille ou une autre suivra ce tracé avec cette vitesse v.

Cas pratique du cheminement. — Dans la nature les choses ne se passent pas complètement ainsi, la pression produite par le choc se partage dans les 2 molécules, mais si les molécules ne se rencontrent pas de front, bien normalement, la pression qui se partagera entre les molécules n'est qu'une fraction de la quantité de mouvement. Comme nous l'avons déjà dit, les 2 vitesses sont modifiées, l'une gagne, l'autre perd, et ce coefficient varie avec l'angle de la rencontre. Notre vitesse v, ira donc croissant à chaque moment, elle deviendra v', v'', v'''...; après avoir emprunté successivement de l'énergie aux molécules rencontrées, dont la vitesse aura été diminuée.

De sorte que, pratiquement, lorsqu'une série de molécules d'éther ont une vitesse v, les molécules de cette onde, augmentent peu à peu de vitesse, et finissent par se confondre avec l'ambiance, le rayon, le champ, suivant les cas, disparaît dans l'éther, alors que v devient V, en même temps la vitesse de translation du rayon augmente. Ceci est important surtout dans l'étude des rayons déviables par le champ magnétique.

Conséquence du cheminement. — Il y a une conséquence du cheminement des molécules qui a une grande importance au point de vue électricité, et qui est la conséquence obligatoire des propriétés que nous avons reconnues à l'éther.

Lorsqu'un certain nombre de molécules à vitesse modifiée, se mélangent à d'autres molécules, de vitesse normale, ou simplement de vitesse différente, les vitesses s'égalisent, la quantité de mouvement est la même, mais les pressions varient, le volume change, et nous créons, par ce seul fait, une onde positive ou négative.

Si le mélange se fait lentement, l'onde devient un courant régulier, à peine sensible, qui donnera en 2, 3, 10 jours, la même énergie qu'une onde aurait donnée, dans le cas de mélange brusque. Du reste, si le volume est suffisant, le mélange ne se faisant que par la périphérie et graduellement ne peut se faire instantanément.

Ce temps sera diminué, l'onde deviendra sensible, le mélange plus rapide, si les différences de vitesse s'accentuent, si un courant de vitesse $[V + v]$, rencontre un courant de vitesse $[V - v]$.

Quant à l'onde produite elle sera positive ou négative suivant les cas.

Pour fixer les idées par un exemple, deux ondes de molécules de vitesse $[V - v]$ et $[V + v]$ qui séparément donnaient des pressions dont la somme algébrique était $[V^2 + 2v^2]$ ne donnent plus qu'une pression qui se traduirait par V^2. Un vide partiel est produit, nous sommes en présence d'une valeur négative.

LES MODIFICATIONS DE L'ÉTHER SE RÉPERCUTENT SUR LES MATIÈRES. CHAMPS ÉTHÉRÉS

La matière est élastique, compressible, un courant d'éther qui agit sur elle doit la modifier, même si ce courant dure peu de temps. L'éther pourra agir de 2 façons; le courant de pression augmentée ou diminuée aura tendance à comprimer ou déprimer la molécule qui se trouve en contact avec l'onde; d'autre part, la densité de l'éther se trouve modifiée, les vibrations de la matière seront influencées, la réaction des parois, à vitesse égale étant variable avec la densité du milieu, tandis que, en même temps, la compression plus ou moins grande de la matière, tend à en modifier la fréquence, l'amplitude, la vitesse de ces vibrations.

Prenons par exemple un cylindre fermé en A, par une paroi mobile qui peut venir en A' (ligne pointillée), des molécules d'air par exemple se répartissent dans des plans irréguliers, tels que, 1, 2, 3, 4.....

La paroi A vient en A', l'espace entre cette paroi et la zone 1, dimi-

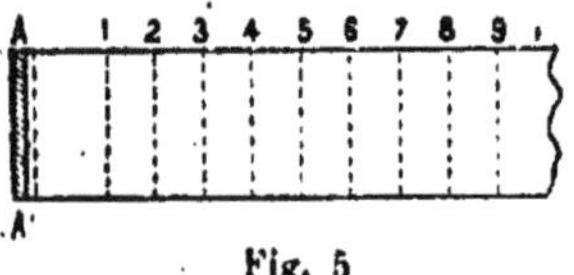

Fig. 5

nue, la densité de l'éther augmente, la vitesse aussi, par suite de l'action de la paroi, donc une onde positive, et toutes les molécules en 1 en subiront le contre-coup, comme pression, et leur volume diminuera, de plus leur vitesse de vibration aura à se modifier.

La file de molécules que nous avons cataloguée 1 a absorbé une partie de l'excès d'énergie de l'éther, comme cette pression ne peut se maintenir le surplus passera à la zone 2 qui en prendra une partie, puis à la zone suivante, etc.

Lorsque la perturbation se sera éteinte, nous serons en présence d'un champ, d'un état spécial, et de l'éther et de la matière.

Les molécules réceptrices de l'effort ont reculé par l'excès de pression venant de 2 causes : augmentation de densité, augmentation de vitesse de l'éther. Le recul a donc été énergique et a dépassé ce qu'il aurait été sous l'action de l'augmentation seule de vitesse, donc recul de la paroi qui a supprimé cet excès de vitesse, et au delà; il nous restera des zones d'éther de vitesse réduite, de densité exagérée, qui, à partir de la paroi perturbatrice jusqu'à l'extérieur, se sont partagées l'excès de quantité de mouvement fourni par AA', vers l'extérieur, l'éther est presque semblable à ce qu'il est normalement.

Vibrant dans un éther à grande quantité de mouvement, forte densité relative, plus puissant par conséquent à pression égale que l'éther normal, les molécules subissent une surcompression exagérée, elles sont chargées positivement, elles se sont partagé l'énergie fournie par AA'.

Dissolution du champ. — Ces molécules d'éther à vitesse réduite, par leurs chocs avec les zones voisines qui se rapprochent de plus en plus de la vitesse normale, reprennent peu à peu leur vitesse initiale, d'où surpression momentanée, courant d'éther, mais alors les molécules qui vibrent dans un éther moins énergique sont comprimées à l'excès, et se détendent peu à peu. Par cheminement de proche en proche, le champ reprendra sa vitesse normale, et la charge positive aura disparu dans l'espace. Elle ne s'est maintenue si longtemps que parce que les molécules de matière l'ont fixée quelque temps.

Le contraire pour la charge déficitaire, la charge négative.

DÉVIATION DES COURANTS D'ÉTHER

Si des molécules d'éther formant courant se déplacent dans un milieu éthéré, et admettant qu'elles forment un faisceau, si elles rencontrent un courant les traversant, de vitesse semblable, sont-elles déviées ? Individuellement oui, à chaque choc, mais elles conservent leur vitesse, les chocs les atteignent tantôt d'un côté tantôt de l'autre, la molécule choquante prend souvent la place de l'autre dans le courant, mais en somme le résultat est nul, gain et pertes se compensent, dans la direction considérée.

Mais si le courant adverse est composé de molécules, à vitesse réduite ou exagérée, il n'en est pas de même, les chocs sont plus fréquents d'un côté que de l'autre, suivant les vitesses respectives, la quantité de mouvement se modifie, et toujours dans le même sens, il y a déviation proportionnelle, à chaque choc, en moyenne, comme la différence des vitesses et proportionnellement au nombre de chocs reçus, c'est-à-dire à la durée du parcours. Par conséquent la déviation est comme V^2, les deux valeurs de V s'ajoutant, se multipliant si notre courant est à vitesse réduite.

Ce serait une déviation en sens contraire, fonction directe de la différence des vitesses, mais corrigée par la rapidité du passage, c'est-à-dire beaucoup plus faible, si un courant de vitesse [V + v], était croisé par un autre de vitesse V.

Ces déviations dues à la différence des vitesses de l'éther, ont acquis dans ces derniers temps une grande importance théorique.

CHAPITRE VI

—

LES VIBRATIONS DE LA MATIÈRE, LEURS CONSÉQUENCES

La propriété de vibrer est une qualité inséparable de la matière. Les particules matérielles ne vibrent pas seulement dans les conditions particulières qui les rendent lumineuses ou chaudes, mais toujours, quelles que soient les conditions dans lesquelles elles se trouvent.

Un fait ne peut nous être connu que si nous en avons connaissance par nos sens, directement ou indirectement, si nos appareils ou nos sens ne sont pas assez parfaits, le phénomène passe inaperçu, mais il n'en existe pas moins. Ainsi les vibrations lumineuses ne peuvent être enregistrées par nous que dans certaines conditions, un corps n'émet en général de lumière sensible à nos yeux que vers 5oo ou 6oo°, la lumière émanée d'une source atteignant 2 ooo ou 2 5oo° blesse notre vue si nous ne nous éloignons pas. Pourtant, à la température ordinaire, indépendamment de tout éclairage, une foule d'animaux voient clair la nuit, et même pour quelques-uns la lumière du jour trop intense les aveugle, il faut donc que ces objets soient lumineux pour eux, d'autant plus qu'ils se servent d'yeux comme nous.

Ces oscillations ou vibrations sont obligatoires, elles naissent forcément, dès que nous avons en présence une paroi d'une molécule matérielle élastique, mobile par conséquent, et en regard les molécules d'éther, dont la quantité de mouvement $m\text{V}$ n'est pas négligeable vis-à-vis de la particule matérielle, la pression de l'éther devant se considérer, non comme une pression continue, uniforme, mais comme la conséquence, la moyenne d'une suite de chocs d'une valeur sensible relativement à la molécule.

Les choses se passent de la même façon que si des corps matériels agissaient par chocs sur un diapason, un ressort. La pression exercée par ces chocs est donnée par une formule de la forme de Nmv, que m soit composé de 100 ou de 1 000 molécules, si le produit est le même, la pression moyenne est la même, seulement elle se repartit autrement. Ces molécules matérielles agissantes sont-elles peu nombreuses, lourdes, chacune d'elle fera courber le ressort ou le diapason ; augmentons le nombre de ces chocs, en diminuant leur masse, le produit étant le même ; les mouvements causés seront plus fréquents, de moins grande amplitude, mais en même temps de moins grande vitesse de déplacement, de sorte que le temps d'une oscillation complète diminuera moins vite que la fréquence des chocs n'augmentera. Continuons à augmenter la fréquence des chocs ; il arrivera ainsi un moment où notre ressort, en train d'obéir à la pression reçue, recevra un nouveau choc, qui viendra ajouter son action à celle du précédent qui dure encore, les amplitudes qui jusqu'ici avaient été en diminuant devront suivre une autre loi, dans laquelle nous savons que l'élasticité du métal, son poids, entrent en jeu.

C'est ce qui se passe pour les molécules d'éther agissant sur la matière, d'un côté leur quantité de mouvement ne saurait être considérée comme nulle, d'autre part le nombre de chocs est considérable, vu la densité de l'éther, le faible libre parcours, la petitesse obligatoire des atomes d'éther, bien démontrée par leur facile circulation dans les corps.

Si la première particule dont nous nous occupons, rencontrant la paroi lui imprime une flexion, la fait reculer, et que cette vitesse de recul soit Δv, par exemple, si à ce moment une seconde molécule, le mouvement durant encore, vient en contact, accélère cette vitesse, la première aura cédé à la molécule une quantité de mouvement que nous savons être proportionnelle à Δv, c'est-à-dire exactement $2m\Delta v$.

Cette proportionnalité à la vitesse, dont nous avons parlé déjà est pratiquement démontrée, aussi bien par la progression de l'action de la vapeur sur un piston, par la pesanteur, par tous les faits où l'inertie joue un rôle.

Une troisième molécule entrant en jeu, la seconde molécule ayant porté la vitesse de Δv à $\Delta v'$ plus grand, cédera à la molécule une plus grande quantité de mouvement, venue avec une vitesse V, elle revient sur elle-même avec une vitesse de $[V - 2\Delta v']$ et cède $2m\Delta v'$.

Le mouvement initial tend donc à s'accélérer, puisque, une fois amorcé, la quantité de mouvement cédée à la matière va en augmentant, à chaque choc nouveau.

Mais cette accélération ne peut continuer indéfiniment, car d'autres facteurs ne tardent pas à intervenir.

Au début, tant que la vitesse de recul de la paroi était faible, le nombre de chocs ne diminuait pas sensiblement de fréquence, la pression donnée par les différences de vitesse $[V - \Delta v]$ était peu différente de V, et la quantité de mouvement cédé était bien proportionnelle à cette vitesse de la paroi.

Si les deux premiers facteurs diminuent relativement lentement, v étant toujours assez faible vis-à-vis de la vitesse utile de l'éther, il n'en est pas de même de la force élastique, qui croît proportionnellement à l'espace parcouru par la paroi. Si l'épaisseur de la molécule diminuait de $\frac{1}{10}$, on conçoit que l'élasticité serait augmentée dans une proportion probablement supérieure, car les contractions des autres faces influenceront probablement celle-ci.

L'excédent d'énergie cédée par chaque molécule d'éther en comparaison de la contre pression va ainsi diminuer, tandis que la pression marquée par la valeur $[V - v]$ diminue, que le nombre des chocs, proportionnels aussi à $[V - v]$, diminue. Le mouvement va se ralentir graduellement, il s'annulera ensuite.

Mais alors nous aurons une force élastique exagérée, relativement à la pression, qui est redevenue ce que nous l'avions prise au début, la réaction se fera, dépassera la valeur moyenne, pour diminuer d'intensité, etc. Bref, la série des oscillations commencera, et elle ne peut prendre fin. La matière est condamnée de par ce fait qu'elle est immergée dans l'éther, à une vibration éternelle.

Ce qui se passe est du reste contrôlé par l'expérience; c'est ainsi que les liquides qui, par exemple, n'ont pas de mouvement de translation comme les gaz absorbent eux aussi les radiations d'une certaine longueur d'onde, il faut donc qu'ils aient une vibration de fréquence comparable, en relation avec la fréquence des vibrations créatrices des rayons absorbés.

Les résultats de ces vibrations sont considérables, nous devons donc en rechercher les lois.

LOIS DES VIBRATIONS

Les lois qui régissent les vibrations moléculaires sont simples, et peuvent s'établir et se contrôler de plusieurs manières.

Par le raisonnement.

Par expérience, comme pour la lumière, les ondes calorifiques, par les longueurs d'ondes, interférences.

Par comparaison. Nous pouvons comparer notre matière vibrante à des systèmes matériels équivalents, au sujet des forces antagonistes en présence; nous pouvons comparer ainsi nos vibrations aux lois pendulaires, aux vibrations des corps sonores, nous pouvons comparer nos oscillations à celles d'une masse gazeuse, comme dans les tuyaux sonores.

D'une façon ou d'une autre les résultats obtenus sont les mêmes.

Ces déplacements des parois moléculaires se correspondent de telle sorte que nous avons alternativement augmentation et diminution de volume, la molécule vibrant devant plutôt se comparer à un cœur qui bat qu'à un diapason qui vibre.

ISOCHRONISME DES VIBRATIONS

Prenons un cylindre C, contenant une hauteur H de gaz, fermé par une paroi mobile, supportant un poids P qui le comprime. Nous sommes au point de vue des forces en présence dans une situation comparable à celle de l'éther agissant sur notre paroi moléculaire. Notre gaz à sa contre pression ou élasticité, comme la matière, et quant au poids, il n'a cette qualité que parce qu'il centralise l'action des molécules d'éther sur ses molécules, l'action de l'éther devra être la même sur ce poids que sur la membrane, que sur les parois moléculaires. L'utilisation sera proportionnelle à la vitesse, comme on a vu, et à la différence qu'il y a entre la pression de l'éther et la contre pression que lui oppose ou la molécule, ou le gaz dans notre cas.

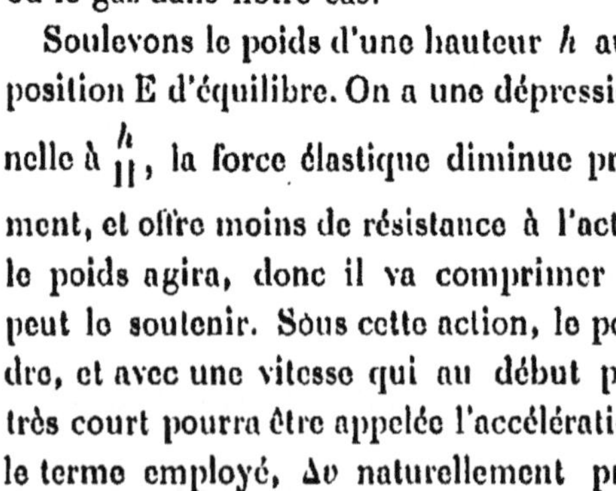

Fig. 6

Soulevons le poids d'une hauteur h au-dessus de la position E d'équilibre. On a une dépression proportionnelle à $\frac{h}{H}$, la force élastique diminue proportionnellement, et offre moins de résistance à l'action du poids, le poids agira, donc il va comprimer ce gaz qui ne peut le soutenir. Sous cette action, le poids va descendre, et avec une vitesse qui au début pour un temps très court pourra être appelée l'accélération Δv, suivant le terme employé, Δv naturellement proportionnel à l'action, c'est-à-dire à la différence entre le poids P et la contre réaction du gaz. Le poids va descendre et arrivera en E, position d'équilibre après un temps t; dès ce moment que nous avons qualifié de position d'équilibre, l'élasticité a augmenté, et va réagir contre la vitesse qui va diminuer graduellement jusqu'à o, alors le gaz surcomprimé réagira à son tour.

Mais doublons la hauteur h. La dépression double, devient proportionnelle à $\frac{2h}{H}$; ce que nous appelons l'accélération va en profiter et devient $2\Delta v$. La chute au début sera 2 fois plus rapide. Nous avons d'un autre côté 2 fois plus de chemin à parcourir. Tout sera donc proportionnel, mais à la condition que la réaction augmente dans les mêmes proportions, ce qui a lieu puisque si la dépression cause d'une accélération double est double, le chemin à parcourir pour arriver à l'équilibre est double également. Le temps de chute est donc égal.

Cette loi de l'isochronisme est la plus importante, c'est elle qui régit les ondes lumineuses ou calorifiques, les vibrations de l'acoustique, des gaz dans les tuyaux acoustiques, les lois du pendule; elle est ainsi absolument indiscutable.

Bien entendu elle n'est exacte que si la pression est constante et si la hauteur H l'est aussi.

Si la durée des oscillations est la même, la vitesse varie avec l'amplitude, et la pression exercée sur l'éther dans un sens ou dans l'autre serait proportionnelle à v^2.

INFLUENCE DE L'ÉPAISSEUR

Si dans la figure précédente, nous augmentions H, qu'on le double. Pour une même hauteur h dont on soulèverait le poids, la dépression serait seulement $\frac{h}{2H}$, elle deviendrait moitié, que dans notre premier cas, l'accélération serait plus faible de moitié, et la chute serait plus lente, de moitié au début, pour ce que nous avons appelé l'accélération. Mais la chute ne sera pas 2 fois plus longue, car la contre pression n'augmente pas aussi vite que dans le premier cas, puisque elle passe de $\frac{h}{2H}$ à o au lieu de $\frac{h}{H}$ à o, pour la même hauteur H. L'accroissement de vitesse se fera relativement plus vite, la vitesse moyenne ne sera pas autant diminuée qu'à l'accélération. Les lois du pendule par analogie nous donneront, g étant proportionnel, pour une même distance h à l'inverse de l'épaisseur

$$\frac{l}{l'} = \frac{\sqrt{g'}}{\sqrt{g}} = \frac{\sqrt{H'}}{\sqrt{H}}$$

comme l'inverse des racines des épaisseurs.

Mais dans ce cas nous devons songer que les vibrations des autres faces amèneront des perturbations, et que cette loi ne sera probablement qu'approximative. Tout ce que l'on pourra dire, c'est que le temps de l'oscillation diminue avec l'épaisseur de la matière vibrante, qui influe à son tour sur la masse.

La loi de l'isochronisme sera encore vérifiée.

INFLUENCE DE LA DENSITÉ ET DE LA PRESSION DE L'ÉTHER

Un corps vibre, la paroi arrive à sa position d'équilibre avec une vitesse v, elle possède encore de l'énergie cette paroi, et elle allait grâce à elle dépasser sa situation d'équilibre. Mais si elle a à ce moment affaire à un éther plus dense, le nombre de chocs pour un même temps sera plus nombreux, nous avons déjà vu que l'éther plus dense était avons-nous dit plus puissant avait plus de quantité de mouvement à opposer à un déplacement, le parcours que notre paroi effectuera sera donc diminué, la vitesse et le temps également. Nous nous trouverons dans un cas analogue au précédent, seulement ici, c'est la densité D qui en augmentant a rendu le chemin à parcourir plus court, a joué le rôle d'une diminution d'épaisseur.

Nous aurons ainsi une formule de même forme :

$$\frac{t}{t'} = \frac{\sqrt{D'}}{\sqrt{D}}.$$

C'est-à-dire, si la densité de l'éther D augmente, devient D', le temps d'oscillation diminue, la longueur d'onde diminue, ou autrement dit la fréquence augmente.

Avec des pressions nous retombons aussi sur le cas de l'épaisseur, les pressions, accélérations sont proportionnelles, mais la distance à parcourir diminue pour une même dépression, notre hauteur H diminuant avec la pression.

Ces variations de densité, de pression ne varient toujours que dans des proportions faibles au point de vue absolu, nous n'opérons comme je l'ai déjà dit que sur les variations infiniment petites de l'éther, dans les cas ordinaires tout au moins.

Les lois sont absolument semblables à celles de l'acoustique, c'est ainsi que nous voyons dans les cordes vibrantes, le son varier au point de vue fréquence, comme la longueur, la tension, la racine carrée de la densité ; dans les tuyaux sonores, avec la vitesse du vent, c'est-à-dire là pression, la longueur du tuyau, etc.

Mais toujours dans tous ces cas, la loi de l'isochronisme, malgré les amplitudes, reste la loi dominante.

CONSÉQUENCES DES VIBRATIONS

Ces conséquences sont extrêmement importantes ; pour les examiner, je vais suivre la méthode qui sera employée dans les applications, l'ordre sera le suivant :

1° La vibration a une conséquence mécanique sur le corps qui vibre ;

2° L'éther environnant est modifié dans la répartition des pressions, par les ondes créées, et aussi dans la pression moyenne.

3° Les ondes réagissent sur la matière.

1° Réaction de la vibration sur la matière. — Nous avons vu à la force vive que lorsqu'une paroi se déplace, elle subit de la part de l'éther une variation de pression à l'avant et c'est un excédent et au contraire une dépression à l'arrière. La somme algébrique se traduit par une surpression moyenne, représentée par une action mécanique, la force vive.

Or la paroi en vibrant se trouve dans les mêmes conditions, alternativement : quand elle s'avance, elle doit avoir une surpression, au recul une dépression, et en moyenne nous devons avoir une surpression.

Pression d'une paroi immobile : $2 \times 2\, Nm\, V^2$ est sa pression, mais on a :

$$\text{à la dilatation} \qquad 2\, Nm.\, [V + v]\, [V + v]$$
$$\text{à la contraction} \qquad 2\, Nm.\, [V - v]\, [V - v]$$

ceci pour les mêmes raisons que celles examinées à la force vive.

En développant nous constatons la présence de deux ondes différant de deux fois $4\, Nm\, vV$.

Et en résumé une compression de $4\, v^2$.

Les ondes sont très dissemblables comme énergie, la pression moyenne en excès est au contraire relativement faible.

Cela concorde-t-il avec les faits :

Nous savons que les ondes existent, puisque ces ondes peuvent causer à des distances énormes des actions sur les molécules, des vibrations analogues. Quant à la surpression, elle doit se traduire par une compression si l'amplitude v^2 diminue, nous devons récupérer du travail, c'est en effet ce que l'on observe, nous recevons un travail avec les variations de v^2, et c'est le travail mécanique de la chaleur, numériquement, notre unité toute arbitraire de chaleur, de travail calorifique correspond à 420 ou 422 kilogrammètres.

Pour les corps différents, la même différence de vitesse correspond à des variations différentes de volume, la masse entre en jeu.

2º Action de la vibration sur l'éther. — Toute la masse d'éther entrant en contact se trouve modifiée par la vibration, ces deux ondes représentent les pressions données par la réaction sur la matière $[V + v]^2$ et $[V - v]^2$.

L'éther sans qu'il y ait de travail produit, et à plus forte raison s'il y en a se trouve de par le fait de la vibration avoir une plus grande pression ; tout l'espace environnant constitue un champ spécial, très actif, bien différent de ce qu'est l'éther isolé des masses de matière, étoiles ou planètes.

Les chocs produits sur une paroi qui recule sont au point de vue travail utilisé un peu plus profitables que les chocs en sens contraire, à cause de l'élasticité de la paroi. Si la vitesse de vibration est faible, il peut se faire que cette différence d'utilisation compense une partie des différences entre les ondes, qu'un équilibre s'établisse entre l'éther extérieur et l'action des vibrations, celles-ci divisent alors l'éther en deux ondes, causent une surpression sans travail, par la répartition différente des quantités de mouvement, c'est ce qui se produirait dans une molécule isolée dans l'éther, en équilibre avec lui.

S'il y a au contraire une source de travail produit, soit par la condensation d'une nébuleuse, un corps incandescent voisin, des condensations, les molécules vibrent avec une forte amplitude, une grande vitesse, elles produisent une forte surpression dans l'éther mais comme cette surpression est exagérée, et provient d'une source d'énergie, non des actions et réactions mutuelles de l'éther et de la molécule, cette action est obtenue aux dépens de la vitesse vibratoire, aux dépens de la surpression mécanique de la molécule, qui tend à diminuer. Dans ce cas, le corps perd quelque chose, on dit qu'il se refroidit. C'est le cas du soleil ; il rayonne de l'énergie, mais à ses dépens ; sa provision s'épuisera dès que des condensations ou autres causes viendront à diminuer.

VÉRITABLE FORME ET PROPAGATION DES ONDES

Ce que nous disons ici s'appliquera tout aussi bien aux ondes de l'air que produisent les corps sonores.

Si on trace la courbe de la vitesse des corps qui vibrent, on voit tout d'abord que si les x marquent les temps, les valeurs de y, représentant la vitesse, passent deux fois par o, au moment des changements de direction, de même on a deux valeurs maxima, en positif, en négatif, lorsque la paroi passe à sa position moyenne. Cette courbe de vitesse de la paroi représente à un facteur près l'augmentation de vitesse des molécules d'éther après la rencontre.

La courbe de la pression dans chaque partie de l'onde, qui en résultera, aura même forme (si on néglige la faible valeur de v^2), et cette courbe aura dans sa valeur numérique un fort coefficient V.

L'éther dès le contact avec la paroi vibrante se trouvera ainsi en trois sortes d'ondes, deux de sens contraires, positives et négatives séparées par des passages, où la vitesse est peu modifiée, quand le sens de la vibration changeant, la vitesse est o, car un peu avant, un peu après la valeur de v est presque nulle.

Une question se pose, est-il possible que des ondes aussi dissemblables

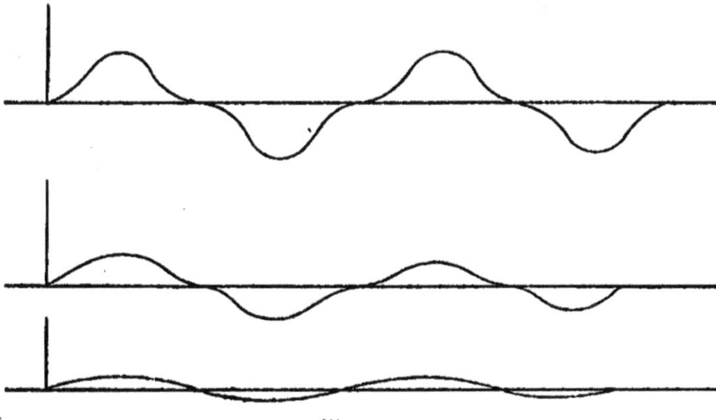

Fig. 7

de pression voyagent ainsi, l'une suivant l'autre avec des différences de vitesse aussi marquées, il semble que l'onde positive dont la vitesse peut être plus grande que celle de l'onde négative d'un millier de mètres, doive immédiatement se mélanger avec l'onde négative, si le corps vibre très fortement, fournissant de l'énergie à l'éther, nous devons avoir alors une pression moyenne, mais pas d'ondes séparées.

Du reste, l'évaluation est facile à faire : la longueur d'onde des radiations rouges, avec 500 trillions d'oscillations à la seconde correspond à $\frac{6}{10}$ de millième de millimètre. Ceci est bien démontré expérimentalement par les longueurs d'ondes. Or avec une vitesse de 1000 entre les deux ondes, celles-ci devraient se confondre après un temps de $\frac{0^{m},000.000.6}{1.000}$, soit après un parcours de 18 centimètres.

Or des radiations rouges parfaitement définies nous parviennent après des parcours de plusieurs trillions de lieues ; nous sommes loin de notre vingtaine de centimètres.

Si nous avions trouvé pour la valeur de la densité de l'éther une quantité analogue à celle que certains auteurs ont calculée, et il y en a plusieurs qui lui ont assigné $\frac{1}{10^{20}}$, il en résulterait que si on admet que l'éther est un fluide, il posséderait un libre parcours, environ 10 millions de fois plus grand que celui de l'oxygène, et si celui-ci avait seulement $\frac{1}{100\,000}$ de millimètre, les molécules les plus rapides auraient vite rattrapé les autres puisqu'elles ne rencontreraient aucun obstacle devant elles.

Mais avec la valeur que nous accordons à la densité de l'éther, il n'en est plus ainsi ; le libre parcours des molécules d'éther est au moins 10 fois plus petit, soit de l'ordre de grandeur des millionième de millimètres, moins encore même. Dans ces conditions, la surface de l'onde émanant d'une molécule de rayon r, croissant avec le carré du rayon, le nombre de molécules d'éther entre lesquelles se répartit l'onde, croissant dans les mêmes proportions, la vitesse diminue proportionnellement au nombre de molécules intéressées. Si cette différence de vitesse à la superficie est 1 000 mètres.

$$\text{A } 2 \quad \text{rayons de distance, elle est} \quad \frac{1\,000}{4}$$
$$3 \qquad » \qquad » \qquad » \qquad \frac{1\,000}{9}$$
$$100 \qquad » \qquad » \qquad » \qquad \frac{1\,000}{10\,000}$$

et nous ne sommes qu'à 100 rayons, c'est-à-dire à une distance qui n'est encore comptée que par millièmes de millimètres. Lorsque l'on arrive à 1 millimètre de distance de la surface radiante, la différence de vitesse n'est plus que de l'ordre de

$$\frac{1\,000 \text{ mètres}}{(1\,000\,000)^2}.$$

On voit que déjà, à ce moment-là, les molécules ont de la marche à faire, nos 18 centimètres sont devenus 180 000 000 de kilomètres et la progression continue.

Quant à notre différence de pression, causée par cette molécule infime entre les 2 ondes, elle est devenue bien faible, la différence de vitesse n'est plus que de $\frac{1}{1\,000\,000}$ de millimètres, et cela correspond encore à 0,08 atmosphère.

Si ces actions diminuent rapidement d'intensité dès qu'on s'éloigne de la molécule vibrante, et si malgré cela elles peuvent se faire sentir au loin, à des distances qui sont bien des milliers de fois plus grandes que le rayon des molécules, c'est que les pressions, grâce à la vitesse, à la densité de l'éther sont énormes, et lorsque la distance vient à diminuer, on ne doit pas être surpris de trouver une puissance d'action énorme, irrésistible. C'est en effet ce que l'on constate dans les forces moléculaires.

Quant aux courbes elles-mêmes, qui représentent la vitesse, à mesure que l'onde s'éloigne, la courbe s'adoucit, et bientôt ce n'est plus qu'une oscillation imperceptible de la courbe, presque une droite (*fig.* 7).

3° Réception des ondes par les matières. — Il ne suffit pas pour que nous puissions avoir connaissance d'une série d'ondes, que ces ondes existent, qu'elles aient une valeur mécanique, il faut encore qu'elles puissent se traduire directement ou indirectement par une action sur nos sens, soit par nos yeux, soit parce que ces radiations auront servi à agir sur un thermomètre, une petite pile électrique, etc.

Or la différence de valeur mécanique entre les ondes positives et négatives est considérable vis-à-vis de la surpression moyenne de l'éther, pour qu'une série d'ondes puisse agir, il faut que ces différences des pressions entre les deux ondes soit utilisées.

Toutes les molécules matérielles vibrent, mais si une molécule vibre avec une fréquence différente que celle qui produit les ondes dont nous voulons étudier l'effet sur la molécule, l'action des ondes sera bien faible, si à un moment l'onde positive concorde avec le recul de la paroi réceptrice, les 2 effets s'ajoutent, mais si l'instant d'après, c'est le contraire qui a lieu, les effets se retrancheront, d'abord il y avait tendance à augmenter l'amplitude, et on aurait pu s'en apercevoir, mais après la tendance est à la diminution, le bénéfice que l'on avait eu est détruit.

Or ce que nous recevons par nos yeux, ce n'est pas un fragment de vibration, ni même quelques milliers ; pour qu'une sensation de vibration lumineuse soit perçue, il faut que l'effet dure pendant une fraction de seconde, ce que nous enregistrons, est donc l'impression moyenne de milliards d'ondes. Tout ce que peut faire la particule réceptrice si les effets de la source lumineuse se contrarient continuellement c'est de nous réexpédier les vibrations plus ou moins modifiées, peut-être notre œil plus heureux pourra-t-il en tirer parti, tout ce qu'il pourra y avoir, c'est une réflexion plus ou moins bonne.

Le cas est le même en acoustique, faisons vibrer une certaine note, dans un piano, — cette note ne se traduira en général par aucun phéno-mène sur un violon. Mais si nous tendions la corde du violon de façon à ce que la note que donne cette corde soit de même fréquence que celle du piano, alors le phénomène est différent, les 2 cordes, du piano et du vio-lon, vibrent en même temps, toucher à l'une c'est faire vibrer l'autre.

C'est que si les vibrations sont isochrones, de même fréquence, le phénomène est différent, les 2 cordes ne tardent pas à vibrer synchroni-quement, c'est-à-dire que, lorsque l'onde positive émanée de l'une des deux arrive à l'autre, c'est au moment où celle-ci recule, sa pression s'ajoute à celle de l'éther qui à ce moment dominait déjà la force élastique, la vitesse est accrue, l'amplitude augmentée, de même lorsque l'onde né-gative arrivera, elle opposera moins de résistance à la 2e partie de la vi-bration. Et l'autre corde de même facilitera les déplacements de la pre-mière, elles s'aideront, mutuellement.

C'est exactement ce qui a lieu pour la lumière, les ondes calori-fiques, etc., de l'énergie rayonnante.

Pour qu'il y ait réaction entre 2 corps qui vibrent, il n'y a pas besoin que l'isochronisme soit absolu, c'est-à-dire que le nombre d'oscillations par seconde soit exactement le même. Si entre les 2 périodes il y a une commune mesure, si les instants où les effets s'ajoutent surpassent les moments où les effets se retranchent, ces actions pourront modifier la cadence, de nouveaux maxima et minima pourront se produire plus ou moins régulièrement, constituant une nouvelle fréquence, 2 rayons pourront ainsi en produire un 3e différent des 2 premiers.

En faisant la courbe des pressions on voit que les fréquences qui sont comme 1, 3, 5 etc., peuvent agir les unes sur les autres. On peut calculer ainsi par les courbes les actions possibles, les combinaisons que peuvent donner deux rayons de fréquence différente.

ACTIONS MOLÉCULAIRES

Lorsque nous sommes éloignés d'une molécule vibrante, de quelques millièmes de millimètres, c'est-à dire à des milliers de fois le diamètre de la surface vibrante, nous recueillons encore les effets des 2 ondes positives et négatives produites par la vibration, bien que v soit déjà énormément diminué, ne soit plus qu'une portion infime de ce qu'elle était. Si même une molécule isolée vibrait, déjà à si petite distance, le rayon lumineux aurait bien diminué. Pourtant ces différences de pression sont multipliées par un coefficient énorme ; dans vV qui mesure leur action, V est de 300000000 de mètres.

Quant à v^2, c'est-à-dire à l'effet mécanique produit par la vibration sur l'éther, il est extrêmement faible, négligeable.

Mais si au lieu de chercher à mesurer ces actions en nous éloignant de la source de ces vibrations nous nous approchons de plus en plus nous aurons 2 faits à étudier ; les pressions vont prendre une valeur considérable irrésistible, et d'autre part, cette quantité v^2, marquant la suppression de l'éther, pourra à son tour prendre une certaine valeur. En effet, à petite distance on voit apparaître de nouveaux phénomènes, les actions moléculaires, qui classent les molécules suivant leurs longueurs d'ondes, et les affinités chimiques, qui poussent les corps l'un vers l'autre.

On a supposé pour expliquer l'énergie de ces effets qu'à un moment donné ceux-ci croissaient non en fonction du carré de la distance, mais comme les cubes. Cela est inutile, quand dans une formule de la forme $\frac{v^2}{D^i}$, D est de l'ordre et exprimé en millionièmes de millimètres, puisque c'est au maximum le diamètre des atômes constituant les molécules, la progression lorsque D^2 varie même d'un fragment de millimètre est énorme.

Les résultats obtenus sont de 2 sortes, les attractions et répulsions amenant le classement des molécules, causées par les ondes positives et négatives, s'additionnant ou se retranchant ; enfin les attractions causées par l'action de l'éther, par la surcompression dont il est l'objet, ces 2 actions se modifiant les unes les autres créent les actions moléculaires, les unes du domaine de la physique, dont on va s'occuper, les autres conséquences, avec les affinités chimiques ne seront pas traitées pour le moment.

Méthode d'examen employée. — Lorsque 2 molécules sont en regard, elles réagissent l'une sur l'autre, mais comme cela compliquerait inutilement les calculs, puisque nous ne cherchons que le sens des phénomènes et non leur valeur numérique, nous allons supposer que dans les molécules que nous mettons en réaction, à proximité l'une de l'autre, l'une est beaucoup plus forte que l'autre, et influence l'antagoniste, sans être modifiée personnellement. De même si une pierre tombe sur le sol, nous mesurons son déplacement par la formule $1/2\ gt^2$ sans nous occuper de l'action que la pierre pourrait avoir sur notre globe.

1er Cas : *Vibrations des molécules non isochroniques.* — C'est évidemment le cas général, celui ou M formé de molécules de plusieurs sortes, agit sur un corps quelconque.

Soit M très volumineux, et m relativement faible, son action sur M pouvant être négligée.

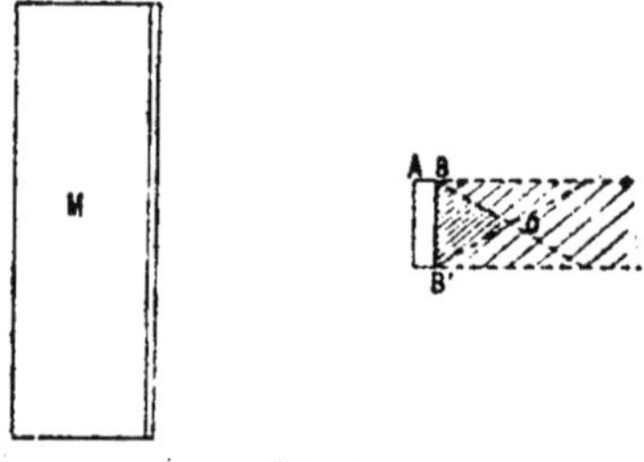

Fig. 8

La surface de M vibre, vitesse moyenne v', la surpression de la molécule est comme v'^2, la surpression moyenne de tout l'éther également, surpression qui décroît à mesure que v', différence de vitesse des ondes, diminue. Arrivée à la hauteur de la molécule, cette différence de vitesse est devenue v.

La molécule m vibre aussi, mais avec une fréquence quelconque, de sorte qu'il n'y pas de commune mesure entre les fréquences, des 2 surfaces en regard. Résultat : les ondes positives ou négatives tantôt aident au mouvement de la paroi A, tantôt la gênent, le résultat est nul, les 2 parois ne se connaissent pas, c'est pour m comme si M n'existait pas ; en effet : l'onde positive vitesse $[V + v]$ arrive, et tombe à cheval par exemple, sur l'oscillation de m, et pour cette onde on a

$$V + v - v$$
$$V + v + v$$

donc surpression de $2v$.

Mais lorsque la paroi de M donne l'onde négative, les actions deviennent

$$V - v + v$$
$$V - v - v$$

dépression de $2v$.

Actions contraires, effet nul.

Mais que se passe-t-il sur la seconde paroi de la molécule m. Il y a là ce qu'on pourrait appeler un cône d'ombre, par analogie avec ce qui se passerait si M émettait non des rayons quelconques, mais des rayons lumineux. Par quoi ce cône d'ombre est-il circonscrit, par une masse d'éther divisée en 2 sortes d'ondes, positives et négatives, dont la valeur moyenne présente une surpression de $2v^2$, pour le temps de l'oscillation complète, double de celle de chaque phase. La portion d'éther de ce cône devra donc se mettre en équilibre avec cette pression. Or les ondes ne peuvent pénétrer dans ce cône sans se mélanger, la vitesse moyenne de l'éther redeviendra V ou proche de V, et cette pression sera obtenue par un éther plus dense, agissant sur BB', le comprimant.

Ainsi les ondes positives et négatives se sont annulées réciproquement à cause du non isochronisme des vibrations, elles entretiennent à l'arrière une surpression qui sera utilisée, soit directement, soit par l'intermédiaire des vibrations de la paroi B, soit par les deux causes à la fois.

Notre molécule m sera donc portée vers M avec une pression, une force proportionnelle à $2v^2$. Or v décroît comme le carré de la distance, donc avec une force proportionnelle à l'inverse du carré de la distance.

Si nous voulions tenir compte des vibrations de m comme nous le ferons pour l'isochronisme, et ceci pour avoir des formules comparables, il faudrait si on suppose que les vitesses sont égales, $2v^2$ comme effet au lieu de v^2, comme ceci nous pourrons mieux faire les comparaisons.

Vibrations isochroniques. — Si une molécule d'éther de vitesse $[V + v]$ arrive sur un paroi de vitesse v, les vitesses de sens contraires, la pression varie comme $[V + 2v]$.

Si au contraire les vitesses se contrarient si la vitesse $[V + v]$ rencontre une paroi qui fuit, la pression n'est que de V.

De même les vitesse négatives, comme $[V - v]$ donnent avec une paroi se déplaçant, les pressions V et $[V - 2v]$ suivant que les vitesses se retranchent ou s'ajoutent.

Il y aura donc une grande différence d'action entre les molécules vibrant isochroniquement, il y aura toutes sortes de valeur, oscillant entre 2 valeurs bien définies, extrêmes, données par l'action lorsque les phases sont en opposition, ou lorsque les phases sont concordantes.

Nous allons développer les formules de ces 2 extrêmes, et en faire la moyenne algébrique, afin de voir ce que devient la pression moyenne, pour une oscillation complète :

$$1° \text{ Phases en opposition} \begin{cases} [V + 2v]^2 & = V^2 + 4v\,V + 4v^2 \\ [V - 2v]^2 & = V^2 - 4v\,V + 4v^2 \end{cases}$$

Surpression moyenne : $\qquad\qquad\qquad\qquad\qquad 8v^2$

$$2° \text{ Phases concordantes} \begin{cases} [V + v - v]^2 = V^2 \\ [V - v + v]^2 = V^2. \end{cases}$$

Surpression nulle.

Il y a ainsi une grande différence entre les 2 cas, lorsque les phases concordent ou ne concordent pas.

Mais dans ce que nous avons appelé le cône d'ombre que se passe-t-il? exactement le même phénomène que dans le premier cas, à vibrations non isochroniques, les ondes de M ne peuvent y pénétrer, ce cône comme la première fois est entouré d'éther que les vibrations de M entretiennent dans une surpression moyenne, dans ce cône, l'éther prendra sa vitesse de vibration moyenne V, et elle ne pourra garder la pression de l'éther environnant qu'avec une densité plus forte. Quant à la pression de cet éther ambiant, elle est constante, que les vibrations soient isochroniques ou non, à phases concordantes ou en opposition.

Si nous voulons avoir des formules comparables, il faudrait puisque nous avons tenu compte de la totalité de l'effet vibratoire entre les molécules, tenir compte aussi de l'action m sur M, comme dans le premier cas, évaluer la pression dans ce cône d'ombre à $2v^2$ au lieu de v^2.

Nous aurions alors des formules semblables.

Résultats mécaniques. — Nous avons ainsi 3 cas à considérer.

Vibrations non isochroniques, pression sur A : normale
  «   «   B : normale $+ 4v^2$.

Donc attraction.

Vibrations isochroniques, phases concordantes, pression en A = Normale
  «   «   « B = Normale $+ 4v^2$.

Il y a encore attraction.

Vibrations isochroniques, phases en opposition, pression en A = Normale $+ 8v^2$
  «   «   « B = Normale $+ 4v^2$.

On enregistre une répulsion.

Il n'y a pas à faire attention à la valeur numérique des coefficients, elle est artificielle, les vitesses que nous appelons v, varient rapidement, même à la surface elles ne sont pas égales, varient avec la température, enfin dans le premier cas, l'onde positive, plus importante que la négative, donnera une pression sur la face A, plus faible évidemment que pour l'isochronisme et les phases concordantes, mais qui n'est pas nulle.

Ce qu'il faut conclure de ceci, c'est que abstraction faite de nos coefficients puisque nous ne cherchons que la nature des résultats, c'est que lorsque une molécule M se trouve dans le voisinage d'une autre elle a pour effet de créer ce que nous avons appelé un champ, en transformant la vitesse de l'éther jusqu'alors constante en ondes. L'effet sera sur la face opposée une pression, soit une attraction, qui sera combattue par l'action des ondes émanées de M avec une intensité qui est o si on a isochronisme et phases concordantes, légèrement si on n'a pas d'isochronisme, et en excès si on a des phases discordantes.

Dans les 2 premiers cas, on a attraction plus ou moins forte.

Dans le dernier, répulsion.

Ces phénomènes nous conduisent dans le domaine de ce que l'on a appelé les affinités chimiques, les phénomènes capillaires, la pesanteur et l'attraction universelle sur laquelle je reviendrai, et enfin sur un autre phénomène qui aura une application importante en électricité, la répartition des molécules.

Répartition des molécules. — Si les molécules dont les phases sont discordantes, en opposition, c'est-à-dire quand l'onde positive émanant de l'une rencontre la paroi de l'autre au moment où elle vient au devant, se repoussent et avec une force que l'on a vue être proportionnelle à $v\mathrm{V}$, ces molécules devront s'éloigner l'une de l'autre, tandis qu'elles auraient tendance à s'approcher si la distance qui les séparait était modifiée, d'une demi-longueur d'onde, quantité bien faible parce qu'alors les phases seraient concordantes, les vitesses se retranchant l'une de l'autre au moment d'agir. La place qui convient à une molécule, lorsqu'elle est soumise à l'action de molécules de même espèce, à vibrations isochrones est ainsi bien indiquée, une demi-longueur d'onde à droite ou à gauche, elle est attirée ou repoussée, elle devra donc, ou se placer à la place qui se trouve indiquée, ou bien se mettre à vibrer comme le veut la situation qu'elle occupe entre ses voisines.

Si un obstacle s'interpose entre les molécules, pour les empêcher d'obéir à cette loi des phases, si à l'intérieur du corps des molécules de longueur d'onde différente viennent introduire une action contraire, des molécules peuvent se mettre en opposition les unes avec les autres ; le résultat est simple et se constate fréquemment en chimie où l'addition de traces de corps étranger modifie souvent complètement la qualité d'un métal, les molécules tendent à s'éloigner, il devient cassant.

Le point critique. — La distance entre les molécules est un facteur important puisque c'est cette distance qui indique les attractions et les répulsions, à de certains moments, si les corps se rapprochent, les phénomènes attractifs l'emportent, nous avons des combinaisons.

Prenons des molécules gazeuses, chauffons-les, la vitesse de l'éther est augmentée, la longueur d'onde aussi, puisqu'on a toujours l'isochronisme, donc les phases se répartissent autrement, les molécules ont tendance à s'éloigner. — Refroidissons, effet contraire. Or en refroidissant, nous augmentons l'action de molécule à molécule, nous allons au devant d'une combinaison des molécules, d'une liquéfaction.

La pression diminue la longueur d'onde, en venant agir sur la fréquence des vibrations, en même temps que la pression les rapproche, elle vient donc en sens contraire de la chaleur, elle ajoute son effet à celui du froid.

L'action de la pression et l'action de la chaleur allant en sens contraire doivent se rencontrer en un point de leur courbe, où les effets se neutralisent, c'est le point critique.

Ces deux effets viennent ainsi régler la question de l'affinité qui sans eux serait toujours réglée par l'attraction de molécule à molécule, par la pression seule.

CHAPITRE VII

—

APPLICATION DES VIBRATIONS

ÉNERGIE RAYONNANTE OU OSCILLANTE

Les vibrations des molécules matérielles donnent lieu à un grand nombre de faits, qui, par les procédés actuels de la physique, sont à peine reliés entre eux, par exemple les phénomènes de l'analyse spectrale, des chaleurs spécifiques, les vibrations de la lumière, l'équivalent de la chaleur, etc.

L'étude de l'énergie dite rayonnante devient au contraire très simple si, prenant son point de départ, la vibration, nous suivons la marche suivante, la seule logique.

1° Effet de la vibration sur le corps, son effet mécanique, sa relation avec la force vive ; c'est la partie mécanique.

2° Propriétés, trajet des ondes produites.

3° Réception des ondes par les matières.

La principale caractéristique pour ces vibrations, c'est la fréquence qui s'évalue souvent par la longueur d'onde, ou chemin parcouru dans l'éther par l'onde dans l'intervalle d'une oscillation, mais les propriétés sont toujours les mêmes quelle que soit la fréquence. Seulement il faut tenir compte d'un fait, c'est que la méthode de réception des ondes varie suivant la fréquence, et certains rayons n'ont pu être étudiés que récemment, d'autres sont encore inconnus, tandis que pour une catégorie, resserrée du reste dans des limites très étroites, nous possédons un appareil merveilleux, le sens de la vue, mais ces rayons lumineux ne sont qu'une très faible fraction des rayons existants.

Dans les derniers temps, la découverte des ondes hertziennes a établi un lieu entre l'électricité et la lumière par exemple, et on peut avoir des confusions dans nos études. Les points de ressemblance et de différence sont faciles à établir.

Lorsqu'une molécule vibre, elle envoie 2 sortes d'ondes, les positives et les négatives, absolument semblables à celles des ondes hertziennes, mais ces ondes sont *moléculaires*, c'est-à-dire n'intéressent que des masses infiniment faibles, et au point de vue mécanique, elles s'adressent aux molécules seulement, à des grandeurs de même ordre, mécaniquement, elles ne peuvent faire vibrer un corps matériel, qui contient des milliards de molécules.

Les ondes hertziennes, décharges oscillantes des condensateurs, etc., sont produites par les oscillations des parois matérielles, provenant non des oscillations de molécules, mais de ce que les corps comprimés par l'action électrique tendent à reprendre leur vrai état, relativement à l'éther ambiant, comme le font les diapasons.

Ce sont donc des ondes exactement semblables à nos ondes lumineuses, calorifiques, mais où la molécule est remplacée par un nombre considérable de molécules, par conséquent on a relativement peu de fréquence, et une grande longueur d'onde, des centimètres, au lieu de millièmes de millimètres.

LA VIBRATION AU POINT DE VUE MÉCANIQUE
ÉQUIVALENT MÉCANIQUE DE LA CHALEUR

Nous avons déjà vu que, par le fait de la vibration, la molécule vibrante envoyait dans l'espace une série d'ondes positives et négatives, d'où comme résultat, une surpression moyenne, aussi bien de l'éther que de la matière.

Puisqu'il y a surpression, la matière diminue de volume, elle a donc emmagasiné quelque chose, de la force élastique, en même temps qu'elle prenait à l'éther de la quantité de mouvement. Si la molécule matérielle s'arrête de vibrer, ou plutôt diminue de vitesse de vibration, elle reprendra un volume en rapport avec sa nouvelle pression, elle restituera du travail, de l'énergie.

Ce travail pourra être restitué de bien des façons, il pourra augmenter la vitesse de vibration d'un autre corps, le chauffer ; notre travail sera exprimé en calories ; augmenter la vitesse de déplacement de molécules gazeuses ; nous aurons le même nombre de calories produit, car, comme nous pouvons mesurer le travail en kilogrammètres, que nous produisons, nous pourrons nous apercevoir que calories ou kilogrammètres représentent une même chose ; 420 kilogrammètres font une calorie.

Différence entre l'effet de la vitesse dans la vibration et dans la force vive. — Il y a deux façons opposées de comprendre l'action de l'éther sur les particules matérielles, dans la répartition de la pression exercée par la vitesse sur la pression moyenne. Heureusement, l'expérience ne permet pas d'hésitation. Ou bien notre pression exercée en un point s'exerce intégralement dans toutes les directions, comme elle le ferait dans une masse gazeuse, ou bien la pression se répartirait, plus ou moins régulièrement peut-être, uniquement dans la direction de la pression exercée.

Dans le premier cas, il suffirait de mesurer une vitesse et la masse, tout serait régulier, chaleurs spécifiques, moléculaires, tout se déduirait facilement ; dans le second cas la surface, la forme, vont influencer sur les quantités de travail emmagasiné, et nous aurons une très grande complexité, des coefficients numériques partout, or c'est ce qui arrive, la pression agit suivant la direction, la texture des molécules matérielles ne ressemble pas intimement à celle d'une masse gazeuse.

La première conséquence de ceci sera la suivante : Si j'exerce une certaine pression sur une molécule, en la déplaçant dans l'éther, j'emmagasine un certain travail, mais je n'agis que dans une direction, c'est surtout la valeur de la section qui agira.

Mais si je fais agir la même pression, par exemple ce même corps sur un autre immobile, il faudra que chaque portion de la surface se mette en équilibre avec le projectile, avant qu'il y ait égalité de pression entre les deux, il me faudra agir dans tous les sens, et ce sera alors la surface qui comptera, non la section.

Ainsi un cube se déplace suivant une face, il se met en équilibre avec l'éther, il me faut A de travail à fournir à ce cube. Mais ce cube et d'autres analogues, viennent comprimer un cube immobile, celui-ci pour que les autres n'agissent pas sur lui, ou pour que à son tour il puisse agir comme les mobiles sur un autre corps, devra avoir la même pression sur ses six faces. Il lui faudra une plus grande quantité de travail absorbé, sous forme de compression, de diminution de volume.

En réalité, les chaleurs spécifiques, sont plus grandes pour les liquides et les solides que pour les gaz, et en général on ne tient pas compte de ce fait que au moment de la liquéfaction, il y a toujours augmentation par soudure, de la molécule. Ce fait se passe déjà dans les vapeurs, pour celle de soufre en particulier, et pour les vapeurs des acides formique, acétique, etc.

Malheureusement si ce coefficient est simple, 6 ou à peu près pour les molécules les plus régulières, il n'y a pas de détermination calculable pour la plupart des cas ; seulement des coefficients pratiques. Pratiquement la force vive des molécules n'est qu'une portion de l'énergie totale que nous retrouvons aux chaleurs latentes, aux combinaisons, etc.

Indépendance des mouvements de vibration et de translation. — Ces mouvements sont au point de vue de la quantité indépendants l'un de l'autre ; il y a seulement à tenir compte de ce fait c'est que, par suite des pressions, la fréquence est changée, la vitesse est diminuée légèrement à l'avant, augmentée à l'arrière, mais il y a compensation, ou à peu près.

Nous avons vu que relativement aux vitesses, ces effets pouvaient se mesurer par les développements de

$$\left. \begin{array}{l} [V + v]^2 \\ [V - v]^2 \end{array} \right\} \text{surpression moyenne } 2v^2.$$

Si nous avons un mouvement de vibration, d'un mouvement v' cette valeur s'ajoute ou se retranche, suivant le moment de la vibration, pour marquer la vitesse absolue dans l'espace. Les 2 vitesses de l'avant, alternativement, et les 2 de l'arrière sont ainsi :

$$\begin{array}{ll} [V + v + v'] & \text{et} \quad [V + v - v'] \\ [V - v + v'] & \text{et} \quad [V - v - v'] \end{array}$$

Si nous développons en tenant compte de ce fait, que la valeur de la masse des molécules d'éther est moitié, dans chacun des développements, puisque le temps d'observation est réduit de moitié, on aurait

$$\left. \begin{array}{l} 4v'V + v^2 + v'^2 \\ - 4v'V + v^2 + v'^2 \end{array} \right.$$

On voit ainsi que l'effet de la nouvelle vitesse, mais pour cette direction seulement, s'est simplement juxtaposé ; à l'énergie qu'il possédait, s'en est joint une nouvelle.

Equilibre dans la rencontre des molécules. *La température et la pression.* — Il y a quelque chose de contradictoire au premier abord, dans la façon dont les molécules se comportent, en ce qui concerne la pression sur une paroi, et les échanges de ce qu'on a appelé les températures.

Deux molécules se rencontrent, elles échangent leur température mv^2, elles agissent sur une paroi, et c'est par une fonction de la quantité de mouvement mv, que nous évaluons l'effet.

Cette contradiction n'est qu'apparente ; il y a indépendance entre la force vive et la quantité de mouvement, la véritable énergie possédée par la molécule d'oxygène par exemple, puisque c'est elle qui nous a servi de modèle, est composée de plusieurs valeurs. Pour ne parler que de celles qui nous intéressent pour le moment, cette molécule a comme énergie : $\frac{1}{2} mv^2 + mv$.

Or mv est une quantité négligeable devant mv^2, et la valeur de cette dernière, à moins qu'elle ne s'annule, comme les $\pm v\mathrm{V}$ des ondes positives ou négatives, étouffe la quantité de mouvement comme la surpression de la matière v^2 pouvait être négligée dans certains cas.

Lorsque la molécule arrive sur la paroi, la pression est $\frac{1}{2} mv^2 + mv$, jusqu'au moment où la molécule frappante prend la vitesse o. Si la paroi frappée a une pression inférieure, elle se met en équilibre, et prend à son tour une compression équivalente, et l'éther restitue la pression en sens inverse.

Si comme cela arrive après quelque temps, il y a équilibre de température ; au moment où la molécule arrive sur la paroi, elle la comprime avec la force $mv^2 + mv$, mais ce mv^2 est pris à l'éther, et tant qu'il y a contact, cet éther qui agit sur la molécule ne peut agir sur la paroi, puisque celle-ci est masquée par la molécule en contact, elle est plus comprimée par la matière, mais moins par l'éther, il y a ainsi équilibré, mais ce qui ne peut se détruire c'est mv, cette valeur est indépendante de l'éther, cela appartient en propre à la molécule de matière, et c'est seulement cela qui ne peut être équilibré que par la résistance de la paroi.

Ainsi nous aurons toujours 2 phases, dans les pressions, l'échange de force vive, de température, puis l'action de la pression seule, de la quantité de mouvement.

Choc des molécules dans l'espace. — La valeur mv étant très faible vis-à-vis de $\frac{1}{2} mv^2$ de la force vive, lorsque les molécules se rencontrent dans l'espace, c'est cette valeur qui mesure les échanges de vitesse ; la pression au contact dans les chocs positifs, qui sont de beaucoup les plus nombreux, à vitesses s'additionnant, se partagent entre les antagonistes, et les partages se font jusqu'à ce que ces valeurs s'équilibrent.

Mais dans l'autre sens, il n'en est plus de même, si les valeurs des vitesses sont différentes, vont en sens contraire, la molécule la plus rapide perd quelque chose, sa vitesse diminue. De là des troubles dans les mélanges gazeux, dans leurs propriétés.

Ces troubles sont pourtant en général assez réduits, parce que à côté de l'effet de la force vive, il y a celui de la vibration qui amortit les différences.

C'est-à-dire que dans les chocs c'est une portion de l'énergie (chaleur) qui dirige les échanges, non la valeur de la quantité de mouvement.

Effet de la forme de la molécule dans les échanges de force vive. — La forme de la molécule a une action sur la valeur du choc, et au lieu de dire que deux corps échangent dans le choc leur force vive, il serait plus juste de dire qu'ils n'agissent que par une fraction de cette force vive, et on va voir le pourquoi et les conséquences.

Si un projectile de forme régulière ou à peu près vient rencontrer une paroi, et lorsque sa vitesse peut passer par o, toute sa force vive entre bien en jeu ; mais si cette paroi se réduit à un point, on a un solide, et si le projectile lui-même a une forme irrégulière, les choses ne se passent pas aussi simplement. Si un projectile ayant la forme d'un bâtonnet vient frapper une règle, et que le choc se fasse suivant les vitesses v et v' et les positions étant celles que j'indique sur la figure en regard, les vitesses auraient beau être normales, l'effet sera bien faible, la force échangée peu importante. C'est dans ce cas que les corrections de la chaleur spécifique prennent de l'importance. Dans ces conditions pour que le projectile fasse le même effet utile qu'une molécule bien centrée, sphérique s'il y en avait ou cubique, il faut qu'il possède une force vive bien plus considérable, le double, le triple, et lorsque nous fournissons une quantité de chaleur nécessaire pour augmenter la force vive d'une quantité utile de 1°, nous avons dû augmenter en même temps tous les mouvements oscillatoires, car comme je l'ai dit pour les fluides, on ne peut pas avoir de mouvement régulier de rotation dans les molécules matérielles.

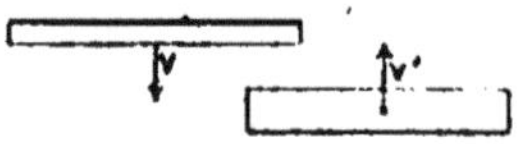

Ces perturbations seront d'autant plus prononcées que le centre de gravité sera mal placé, que les portions d'atomes placés à la périphérie seront plus pesantes ; c'est ainsi que les chaleurs moléculaires, régulières pour les molécules simples 6,82 pour l'hydrogène, 6,95 pour l'oxygène arrivent à 16 pour le chloroforme, $CHCl^3$, à 20,3 pour le chlorure d'arsenic, etc. — et ceci augmente en général avec la complexité, l'irrégularité de la molécule.

Effet de la masse. — Si des particules matérielles, de masses inégales étaient isolées dans l'espace, elles prendraient un mouvement de vibration qui leur donnerait une énergie probablement beaucoup plus grande que celle de molécules de faible masse. Mais, si nous les mettons en contact, il ne peut plus être question de cela, puisque les forces vives dans les rencontres doivent s'égaler.

Ainsi si 2 billes roulaient sur un plan incliné, le même, et avaient des masses différentes, elles arriveraient en bas avec une force vive différente, mais si enfermées dans un petit espace, elles entrent en contacts fréquents elles auront bien pris à l'éther une énergie différente, au bout de quelque temps, les deux valeurs s'égaleront. C'est ce qui arrive forcément.

Mais si l'effet mécanique sur le thermomètre est le même, l'effet de ces chocs, et le contrecoup sur la période de vibration est différent, les grosses molécules vibrent on pourrait presque dire sans effort, sans que leurs affinités, que la répartition des molécules les unes par rapport aux autres se modifient beaucoup, elles seront stables pour une quantité de mouvement qui modifierait beaucoup les actions mutuelles des petites molécules. Ainsi s'explique la stabilité des grosses molécules aux agents physiques et mécaniques ; les poids moléculaires, en augmentant, interviennent toujours dans ce sens, dans les propriétés des corps.

Les énergies de la molécule et la température. — Les diverses énergies de la molécule sont toutes représentées par la contraction, c'est-à-dire par l'augmentation de la force élastique. Elles proviennent de deux sources, la force vive qui ne peut exister seule, et qui est toujours accompagnée de vibrations, et les vibrations seules. Ces vibrations dans une même molécule peuvent s'aider ou se contrarier, de là l'influence sur la stabilité des corps chimiques, des modifications de pressions et de température, qui modifient les fréquences, les intensités des vitesses de vibration, la vitesse moyenne de l'éther dans l'intérieur des corps.

Ce que nous appelons la température est un coefficient pratique, non proportionnel à l'énergie totale ou même à la force vive de la molécule.

Ce que nous retrouvons dans les chaleurs latentes, de combinaisons, etc., ce sont les combinaisons de ces diverses énergies.

Évaluation approximative de la grandeur des molécules. — Les vitesses de vibration et de translation dans les molécules en contact ne sont certainement pas égales, mais elles doivent être du même ordre de grandeur, et 500 mètres par seconde ne doivent pas être exagérés, dans certains cas, et ces vitesses pour un même corps doivent peu varier avec la température, au point de vue absolu ; mais tout ce que nous enregistrons, ce sont des différences.

Sur cette base évidemment très aléatoire, le parcours moyen de la paroi serait de $\frac{500}{500\ \text{trillions}}$ pour les radiations rouges.

Or les différences entre les pressions maxima et minima, varient comme $\frac{2vV}{V^2}$ soit de l'ordre de $\frac{1}{300\ 000}$.

Si l'on suppose, ce qui n'est probablement pas exact, que l'équilibre de pression se fasse complètement, que les causes de perturbation ne soient pas trop grandes, on arriverait pour la molécule à un diamètre de l'ordre des dixièmes de millionième de millimètre, en combinant la vitesse, le temps, et le parcours, fonction de la variation de pression.

LOIS DES VIBRATIONS

Les oscillations diffèrent beaucoup les unes des autres comme fréquence, comme vitesse, comme amplitude.

La grande loi qui domine dans l'étude des vibrations, est celle de l'isochronisme, comme on l'a dit déjà ; c'est-à-dire que pour une même matière, dans les mêmes conditions, les vibrations sont isochrones, quelle que soit l'amplitude.

Les conditions extérieures peuvent modifier cette loi, mais de combien ! En acoustique il suffit d'augmenter par un poids fixé à la corde d'un sonomètre la tension de celle-ci, pour modifier énormément la fréquence des vibrations, mais dans les vibrations des molécules, les pressions qui s'exercent sur les parois sont si fortes qu'il faut des pressions considérables pour modifier la fréquence des oscillations. Aussi la longueur d'onde est la véritable caractéristique pour les vibrations des corps.

L'électricité agissant dans le vide relatif des tubes de Gessler et autres, donne de plus grandes variations dans la fréquence ; les molécules, grâce au courant électrique et à leur grand libre de parcours, atteignent des vitesses de déplacement très grandes. Dans ce cas, il y a de grandes différences de tension, entre l'avant et l'arrière des molécules. Alors qu'au repos nous n'aurions, dans une direction, une seule fréquence, une seule lumière visible ou non, dès que la vitesse est suffisante l'avant donnera des rayons de longueur d'onde plus courte ; le contraire à l'arrière, qui aura tendance à donner une lumière virant sur le rouge.

Dans les gaz en mouvement, dans les flammes, la différence est à peine sensible, mais elle l'est, d'où les doublets, triplets, etc., de l'analyse spectrale.

Lorsque nous donnons artificiellement une impulsion brusque à une matière qui vibre, par les chocs d'une molécule très chaude par exemple, nous ne modifions que l'amplitude, la fréquence étant la même, la vitesse se trouve augmentée en proportion, nous avons comme première conséquence l'augmentation de la force élastique, proportionnelle à v^2.

Mais de plus la différence entre la valeur des ondes positives et négatives s'accentue, puisque cette différence est proportionnelle à vV. Or nous ne percevons cette différence, soit l'intensité des vibrations, qu'à partir d'une certaine limite, cette limite minima de sensibilité atteinte, l'action sur nos yeux par exemple peut augmenter rapidement, c'est ce que l'on constate pour la lumière.

Les molécules vibrent naturellement, dans un éther de vitesse définie, avec une certaine vitesse. Dans ces conditions, la différence dans le coefficient d'utilisation qu'il y a dans les chocs ou les vitesses s'ajoutent et dans les chocs ou les vitesses se retranchent, forme compensation, et il n'y a pas de travail produit, seulement une augmentation de pression due à la répartition différente des quantités de mouvement. Si au contraire nous avons exagéré l'amplitude, la vitesse par conséquent augmente, il n'y a plus équilibre ; la vitesse de déplacement de l'éther, en moyenne, est augmentée. Il se forme un champ d'éther à vitesse exagérée, qui perdra peu à peu de son énergie en en fournissant aux espaces voisins, il y a rayonnement, perte de travail par le corps chauffé trop fortement. Une molécule ainsi traitée, isolée dans l'espace, perdrait sa chaleur dans un temps très court.

Une autre loi très importante est celle-ci : si l'épaisseur de la matière augmente, la fréquence diminue.

Or dans une molécule composée de plusieurs atomes, eux-mêmes composés de façon peu homogène, il y a un certain nombre d'épaisseurs dans la molécule, il y a ainsi autant de fréquences différentes.

Mais ce n'est pas tout, ces fréquences donnent dans la masse, des variations de pressions continuelles qui modifient à chaque instant la pression de la molécule, dont la moyenne seule peut être évaluée. La pression de la molécule influe sur les pressions des atômes composant; par exemple si deux atômes isolés avaient des fréquences comme 3o et 5o, ces fréquences pourraient être diminuées dans chaque atôme, par leur union en molécule, et l'on aurait 28 et 48, je suppose.

Ainsi 3 lois, dont nous avions parlé déjà en les établissant, à l'étude de la vibration nous intéressent :

L'isochronisme.

Variation de la pression.

Influence de l'épaisseur de la matière, de sa pression moyenne; des cadences respectives de ses diverses ondes.

Classement des diverses fréquences. — Ce qui est vraiment stable pour la vibration d'une paroi matérielle, c'est la fréquence, et comme à une petite distance d'un corps les différences de vitesses de l'éther sont faibles, la longueur d'onde quotient de ces deux quantités se trouve être aussi une constante.

Cette fréquence des vibrations, correspondant à une longueur d'onde déterminée, varie beaucoup. Les effets sont toujours les mêmes : une résultante mécanique, l'émission des ondes alternativement positives et négatives, une modification de la pression de l'éther en moyenne, mais la façon dont ces ondes agiront variera à l'infini suivant les corps récepteurs.

Pratiquement les fréquences les plus grandes sont données par les rayons dits ultra violets, dits aussi chimiques, puis viennent ceux du spectre ordinaire, rayons lumineux, les rayons calorifiques commencent une série de vibrations qui ne sont plus visibles pour les yeux mais qui donnent encore une résultante calorifique, on verra pourquoi à la réception des ondes par la matière.

Certains rayons dits infra rouges ont pu être reconnus; il est probable qu'il y en a d'autres, mais il ne suffit pas qu'une chose existe pour qu'elle soit vue, il faut encore connaître un appareil récepteur; après nous trouvons les rayons à faible fréquence, sensibles à l'aimant.

Jusqu'à présent ces rayons émanent de la vibration de la molécule; si un corps matériel vibrait, il donnerait des ondes positives ou négatives, pour la même raison; ce sont les ondes hertziennes qui sont produites par les charges électriques.

En dehors de ces effets, les vibrations peuvent effectuer un travail sur l'éther environnant, et modifient sa vitesse moyenne, c'est ce que l'on va étudier.

LA VIBRATION ET L'ESPACE

La réaction de la vibration sur la matière est double. Elle peut, ou simplement diviser l'éther en deux ondes, en modifiant seulement la répartition de la quantité de mouvement, il y a pression produite, mais pas de travail, la molécule est en équilibre dans son milieu, il faut pour que cela soit possible que l'onde négative qui contient un moins grand nombre de molécules ait perdu par choc, pour une vitesse v, une quantité de travail $[v + \Delta v]$ plus grande que le gain, dans les chocs positifs, à vitesse égale ; qu'ils soient mieux utilisés, à cause de la flexion que subit la paroi sous cette pression, le fléchissement s'ajoutant à la vitesse dans le même sens, alors que le contraire a lieu pour les chocs positifs. C'est ce que nous verrons bientôt. Si cette condition est réunie, il y a équilibre, la matière envoie des rayons positifs et négatifs, de résultante moyenne nulle, au point de vue de la quantité de mouvement de l'éther.

Mais si cette condition n'est pas réalisée, si la vitesse de la paroi vibrante est exagérée, il y a production de travail, la vitesse de l'éther tend à augmenter, nous avons affaire à la modification de l'éther que nous avons appelé le cheminement.

Nous avons ainsi 2 choses à étudier, les rayons, avec la vitesse différente de leurs ondes, et ce qu'on peut appeler le cheminement ou rayonnement. Cela sera facile, appliquant ce qu'on a dit des vibrations.

Les rayons dans l'espace. — Les ondes des rayons cheminent dans l'espace avec une vitesse qui tend plus ou moins rapidement vers la vitesse de la lumière, et d'autant plus rapidement que la surface vibrante est faible.

Ces rayons perdent ainsi de leur intensité par le fait de leur dilution dans l'espace.

Les deux ondes ayant des molécules de diverses vitesses, tendent à se mélanger, proportionnellement à cette différence de vitesse ; nous avons vu pourquoi ce mélange ne se faisait pas, la vitesse des ondes est composée de 2 facteurs V et v. Or V est une constante énorme, 300 000 000 de mètres ; v au contraire est une quantité qui a la surface peut-être d'un millier de mètres, mais qui, à quelques milliers de diamètre de la molécule, est réduit comme le carré de ce nombre, n'est déjà plus qu'une fraction de millimètres, et cette valeur diminue ainsi rapidement, le mélange des deux ondes devient ainsi très faible.

Il y a encore une autre cause qui protège les ondes contre le mélange de leurs molécules. La vitesse de la paroi passe deux fois par o, aux positions extrêmes, et la vitesse va s'accélérant jusqu'à la situation moyenne de la paroi. La vitesse des molécules des deux ondes n'est pas ainsi formée de 2 valeurs $|V + v|$ et $|V - v|$ décroissant à mesure que les ondes avancent, ce v c'est une valeur moyenne adoptée pour sa simplicité, mais en réalité ce v prend toutes les valeurs entre $\pm 2v$ et o. De plus le moment où la vitesse est voisine de o, correspond à un temps plus

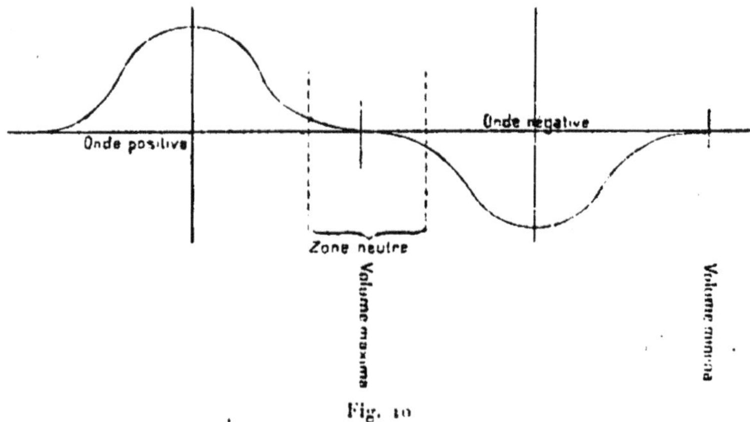

Fig. 10

long relativement que le temps de vitesse maxima, cette différence est bien plus tranchée, que le même fait dans la chute des corps. La courbe des vitesses sera celle représentée en regard et qui nous servira pour l'étude des rayons déviés par les aimants. On voit que, à quelque chose près, nous aurions en réalité 2 ondes positives ou négatives, encadrées dans une zone neutre, ou à peu près. Donc avant de se mélanger, les molécules dont la vitesse est $\pm v$ devront d'abord déborder sur la zone voisine, positive ou négative encore, mais de beaucoup moins de vitesse, presque neutre. La forme des ondes se modifiera dans l'espace, mais la quantité de mouvement, l'intensité de chaque onde sera presque une constante.

Seulement cette particularité du rayon, cette séparation des vitesses qui fait qu'il y a en quelque sorte une zone neutre a des conséquences intéressantes dans les déviations des rayons.

Action des écrans. — Les rayons émanés d'un point central, donnent une zône de vibration qui va s'accroissant suivant la surface des sphères de rayon croissant, surface qui marque l'étendue de l'onde.

Ces ondes sont formées de molécules ayant toutes un excès de vitesse, dans une direction donnée, mais qui vont dans toutes les directions. Mais cet excès de vitesse ne peut dans les chocs se repartir ni à droite ni à gauche, parce que dans les changements de vitesse, dans les chocs, les composantes dans ces directions sont constamment maintenues par l'action des zones voisines.

Mais si ces zones voisines viennent à manquer, il n'en est plus de même, les molécules de l'onde positive vont pouvoir déborder dans cet espace neutre ; elles vont augmenter la pression qui ira gêner le déplacement des ondes négatives. Les ondes auront donc une tendance à se confondre rapidement au voisinage des corps formant écran, elles le contourneront bien un peu, comme le son contourne les corps, mais pour le son, un mur de dix mètres, placé devant une onde, ne représente que 3o longueurs d'onde.

Derrière l'écran nous aurons une zone de surpression égale à la moyenne des 2 mais de vitesse uniforme des molécules, donc à plus grande densité.

Transparence d'un milieu pour les ondes. — Dans l'hypothèse des vibrations transversales, il est difficile de s'imaginer comment des vibrations transversales pourraient circuler au milieu des molécules des fluides en mouvement continuel, ou dans les corps solides. Se contenter de cette explication, c'est se payer de mots. Cela est au contraire facile à concevoir de la part de molécules séparées les unes des autres. Ce que nous recueillons, c'est une pression, analogue à celle que produit le gaz dans un tuyau. Mais dans les milieux matériels la transparence n'est pas absolue, les chemins à parcourir sont plus ou moins longs, il en résulte une tendance des ondes à se mélanger, à s'éteindre, en diminuant graduellement.

Mais pour qu'un rayon passe, il faut non seulement que la constitution intime permette aux pressions de passer sans se mélanger, mais encore qu'il n'y ait pas de molécules d'un mouvement de vibration isochrone avec la fréquence du rayon, car alors, l'intensité de vibration de ce corps serait accentuée c'est vrai, mais il supprimerait en même temps l'onde qu'il reçoit, pour y substituer la sienne, et dans toutes les directions, c'est-à-dire que l'onde primitive dans la direction donnée serait répartie dans toutes les directions, pratiquement éteinte.

Toutes les combinaisons sont possibles entre les rayons, dans un milieu matériel : la suppression par absorption de certaines fréquences, le remplacement ou l'addition d'autres, peuvent donner de nouveaux rhythmes de vibration visibles pour nous au lieu d'être invisibles, ou le contraire nous aurons fait de nouveaux rayons par combinaison, ou nous en aurons supprimé de visibles ; de là la fluorescence, etc.

Ce qui est vrai pour les rayons lumineux, l'est pour tous les autres.

Action réciproque des ondes. — Lorsque des rayons se croisent ou bien suivent le même chemin, quel que soit le sens, ils agissent les uns sur les autres, les pressions sur un même point de l'espace en direction, en énergie sont une combinaison, à chaque instant des ondes de l'éther, les rayons réagissent ainsi continuellement ; mais il ne s'ensuit pas de ceci que nos enregistreurs ordinaires doivent s'en apercevoir, et ici, je parle des yeux, qui sont notre meilleur appareil. S'il y a une cadence régulière dans ces rayons, comme dans des ondes des vibrations isochrones, il résulte de la combinaison, une nouvelle onde régulière, produit des deux autres, dans ce cas, et c'est ce qui se produit dans les rayons isochrones suivant même route, nous recevons la résultante des pressions, souvent bien différente comme répartition de ce qu'était le premier rayon, mais si les rayons n'ont pas une commune mesure, les modifications se font, tantôt d'un sens, tantôt de l'autre, et nous recevrons la valeur moyenne de toutes ces modifications. Si nous pouvions enregistrer la valeur pression à chaque instant, nous aurions certes des variations, mais nous ne recevons les impressions lumineuses que lorsqu'elle a agi pendant une certaine portion de seconde, nous enregistrons pêle mêle le résultat d'un trillion d'oscillations ; les variations sont nulles, les rayons lumineux se croisent sans se gêner.

Courant d'éther de vitesse variable. Déviation des rayons. — Prenons l'ensemble des molécules d'éther composant un rayon, mélange d'ondes positives et négatives. Mais au point de vue absolu que représentent les différences de vitesse v, vis-à-vis de V, un infiniment petit, d'infimes fractions de millimètres, vis-à-vis de 300000000 de mètres, nos 2 ondes ont pratiquement même vitesse.

Faisons agir sur ces ondes un courant d'éther, de vitesse légèrement différente, serait-ce même de quelques mètres, nos rayons pourront être troublés, mais de combien, cela est encore insensible.

Mais on a obtenu récemment des ondes complètement différentes, les différentes molécules ont des vitesses très différentes de la vitesse normale, soumettons-les à un courant continu composé de molécules d'éther d'une vitesse proche de la vitesse normale, mais un peu moins, c'est le cas de l'onde partant du pôle positif d'un aimant.

Nous aurons 2 sortes de faits à enregistrer pour ces ondes. Tout d'abord, la vitesse de l'onde positive étant plus considérable que celle de l'onde négative, les molécules d'éther à grande vitesse auront une tendance marquée à rattraper les autres, même lorsque, la fréquence diminuée, donne à la longueur d'onde une valeur relativement grande. Les ondes ont ainsi tendance à se rejoindre, à s'annuler, et même si ces ondes sont séparées, elles tendent encore à se dissoudre dans l'ambiance. C'est ce qui arrive.

Mais il y a autre chose. Voici des molécules d'éther qui reçoivent des chocs de molécules de vitesse $(V - \alpha)$ du courant magnétique, orientées dans un certains sens. A chaque choc, les molécules de nos ondes échangent de la quantité de mouvement proportionnellement à la différence des vitesses.

Les molécules d'éther à grande vitesse, de l'onde positive s'inclineront vers le pôle positif de l'aimant où la vitesse des molécules d'éther est la plus réduite, celles-là perdront la quantité de mouvement qu'elles ont.

Les molécules de l'onde négative, à vitesse réduite, verront s'accroître leur quantité de mouvement, elles recevront une impulsion du côté d'où vient le courant, proportionnellement au temps de leur passage, qui est proportionnel à la diminution de vitesse, et également d'autant plus forte que la différence de vitesse sera plus grande.

Donc les deux ondes seront déviées chacune de leur côté, la positive légèrement puisque son temps de passage est court, et du côté du pôle de l'aimant, l'onde négative du côté de l'autre pôle, mais proportionnellement au temps de passage, et à la différence $[V - v]$, soit comme v^2.

Mais ce n'est pas tout, dans les rayons nous avons vu que la vitesse de la paroi passait 2 fois par o, et que l'on avait cela pendant un certain temps, au moment du changement de direction. Ces molécules-là ne seront pas déviées, ou d'une façon insensible. Nous aurons donc sur la paroi des parties du rayon, des résidus, en quelque sorte, constituant des rayons de fréquence plus grande, peu intenses.

Rayons modifiés positifs et négatifs. — La pression moyenne excédente exercée sur une paroi par l'alternance des ondes d'énergie contraire était très faible, à moins qu'ils ne rencontrent des corps de même fréquence, de vibration.

Mais grâce à l'aimant. les molécules à excès de vitesse, l'onde positive est passée d'un côté, l'onde négative de l'autre, si nous soumettons des parois à ces ondes séparées, l'action moyenne sur chaque paroi ne sera plus le mélange de 2 quantités de signe contraire, mais d'un côté la moyenne entre une pression positive et une pression normale, donc, une résultante positive, et d'autre côté la moyenne algébrique d'une quantité négative et d'une quantité moyenne, de la pression normale, soit une quantité négative.

Ainsi le courant magnétique a agi comme un trieur, comme le courant d'air des ventilateurs agissant sur des corps de différentes quantités de mouvement, et sous cette influence, la vibration à faible fréquence, à grande amplitude a donné naissance à 3 sortes de rayons : positifs, négatifs, neutres, produits du classement de l'onde, et qui ont été la cause d'un grand nombre de discussions scientifiques, lors de leur récente découverte. dans les rayons du radium, entre autres.

La vitesse de la lumière et des ondes est-elle constante ? — Comparons avec ce qui se passe pour le son. Si dans un endroit quelconque, nous mettons des obstacles, la voix par exemple sera forcée de faire des détours, et le chemin à parcourir pour les ondes sonores augmentera, le parcours du son en ligne droite sera plus faible.

Pour la lumière, les molécules forment des obstacles du même ordre, et la trajectoire est augmentée d'autant, mais la ligne la plus courte, grâce au faible volume des molécules, diffère très peu de la droite, cette augmentation sera donc faible.

D'autre part, la vitesse de la lumière est fonction de la vitesse des molécules d'éther, valeur qui augmente à cause des vibrations, et proportionnellement à la masse des corps contenus dans un espace. On a donc 2 corrections mais légères toutes les deux, et de sens contraire, la vitesse de la lumière est ainsi à peu près une constante.

LA VIBRATION ET LE TRAVAIL

Que nous prenions les 2 sources de travail : la vibration ou le déplacement, dont nous avons ébauché l'étude, on arrive à la même conclusion expérimentale.

1° Si nous modifions la vitesse de vibration ou de déplacement, dans l'ambiance, nous enregistrons une production ou une perte d'énergie, par le corps qui se déplace ou vibre.

2° Si l'ambiance se maintient semblable, et si les vitesses de vibration ou de déplacement restent constantes, nous n'avons aucun travail produit, vibration et déplacement durent indéfiniment, sans usure ni dépense.

Et ces 2 lois sont absolument mathématiques.

L'explication que hous allons vérifier est simple : à chaque modification de vitesse correspond une diminution ou augmentation de volume, par conséquent de force élastique de la matière. Cette modification doit directement ou indirectement servir de régulateur et compenser la surpression que la matière cause à l'éther, et qui dans notre formule primitive causerait un travail constant, quelle que soit la durée du mouvement.

Nous avons déjà avancé mais sans explication que l'utilisation des chocs négatifs était plus parfaite que ceux des chocs positifs. Or cette différence d'action dans le travail est proportionnelle à l'élasticité de la matière. L'équilibre est ainsi obligatoire, mathématique.

L'effet utile d'un choc varie avec la matière réceptrice. — Ceci ressort de notre base de discussion ; il faut qu'il y ait équilibre entre la force élastique et la pression ; si cette force élastique est trop faible, elle n'oppose aucune réaction au choc, elle se comprimera et toute la quantité de mouvement de l'éther, toute la force vive de la matière, viennent augmenter la quantité de mouvement ou la pression du récepteur. Les faits qui prouvent ce fait déjà évident sont innombrables : une bille tombe sur un objet peu comprimé, elle ne rebondit pas, mais si le ballon, la membrane qui reçoit le choc est bien comprimée, bien tendue, la bille rebondit, etc.

Examinons en détail l'effet de l'éther sur la matière.

Celle-ci a sa force élastique, qui agit continuellement. Prenons une portion infiniment petite de la paroi, nous pouvons considérer cette surface comme recevant, non un courant continu, mais des chocs successifs ; aussi peu espacés qu'on les suppose. Chaque molécule d'éther arrivant causera une réaction momentanée, supérieure à ce moment à l'évaluation de la pression moyenne. La vitesse, l'avancement subiront ainsi une modification ; dans quel sens ! Si l'effet de ce choc est une différence de vitesse Δv, lorsque v sera contraire au choc, c'est-à-dire lors de l'augmentation de volume, la vitesse sera diminuée par le choc, l'utilisation sera [$v - \Delta v$]. Lorsque les vitesses seront dans le même sens, l'effet du choc sera d'accentuer cette vitesse, qui deviendra [$- v - \Delta v$].

La même vitesse a donc donné lieu à un échange de quantité de mouvement [$v - \Delta v$] pour les chocs dits positifs [$v + \Delta v$] pour les chocs dits négatifs.

La courbe de la vitesse sera alors représentée par une suite d'échelons (*fig.* 11).

Ceci modifiera la quantité de mouvement cédé, et aussi, probablement

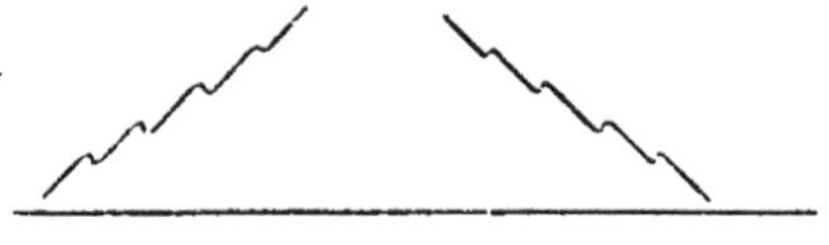

Fig. 11

l'allure des 2 courbes, mais d'une quantité infime.

Reprenons alors nos formules et développons, sans nous inquiéter des coefficients venant de la masse de l'éther. On a

Dilatation :

$$[V + v] [V + v - \Delta v] = V^2 + 2vV - V\Delta v + v^2 - v\Delta v,$$

car [$V + v$] représente le nombre de chocs, Δv n'intervient qu'une fois.

Contraction :

$$[V - v] [V - v - \Delta v] = V^2 - 2vV - V\Delta v + v^2 + v\Delta v.$$

La compression est représentée par $v^2 - V\Delta v$.

Mais Δv est une quantité variable avec la différence de force élastique et de la pression.

Il pourra donc toujours y avoir équilibre, et à chaque moment, si la surpression augmente, cette surpression agira de façon à modifier la force élastique de la matière, et celle-ci augmentera ou diminuera la valeur de Δv jusqu'à équilibre parfait.

Proportionnalité de Δv à la vitesse de vibration. — Δv est proportionnel à la force élastique de la paroi, ou plutôt à la différence entre la force élastique et celle de l'action de l'éther. Or cette action de l'éther, a quoi se mesure-t-elle sinon à son utilisation. c'est-à-dire à la valeur m [$V - v$]. — Ce Δv, c'est le recul de la paroi sous l'action de l'éther, il doit donc s'exercer suivant cette action, sa durée, son intensité, comme aussi suivant la pression moyenne qui agit aussi par la modification de la force élastique moyenne.

Comment l'équilibre s'établit. — Nous sommes alors en présence des conditions qui conduisent forcément à l'équilibre.

Prenons en effet une molécule M, enfermons-la dans un espace d'éther, avec lequel nous la supposons en équilibre. Je lui donne une forte impulsion calorifique, qui la fait vibrer fortement avec une grande vitesse ; je la chauffe.

Les ondes se produisent, très énergiques ; sous cette impulsion, l'équilibre préexistant est rompu, l'éther va augmenter de vitesse, de pression aussi puisque nous le supposons enfermé ; mais en même temps 2 autres phénomènes se produisent ; Δv augmente de valeur, la vitesse ayant augmenté, on voit que $V \Delta v$ augmente lui aussi ; or notre vitesse v, qui marquait la suppression, se trouve avoir créé une force antagoniste qui augmente de plus en plus.

Mais $V\Delta v$ ne peut augmenter indéfiniment car lui aussi a sa cause d'arrêt, si la pression augmente, Δv se trouve en présence d'un corps très comprimé, donc sa réaction faiblit, premier résultat, diminution de l'amplitude ; — et d'autre part, plus V augmente, plus la différence relative entre le nombre de molécules de l'onde positive et de l'onde négative diminue, de sorte que le nombre relatif de molécules dont la vitesse tend à augmenter diminue.

Cette augmentation a donc une limite, il faut donc de toute nécessité qu'un nouvel équilibre s'établisse entre ces deux valeurs ennemies, et nous pourrons dire que à chaque état de vibration de la matière, correspond pour l'éther, un état correspondant, et que chaque état de l'éther nécessite pour la matière une certaine période ou amplitude de vibration, sans quoi, il n'y a pas équilibre.

Si l'équilibre n'est pas établi, l'un des deux antagonistes cède quelque chose à l'autre ; la matière de la force vive, dont l'éther fait de la quantité de mouvement, ou l'éther de la quantité de mouvement dont l'autre fait de la force vive, ou force élastique en se comprimant.

Nous pourrons, en discutant le cas où la pression de l'éther reste constante dire :

1° Lorsqu'une molécule reçoit un excès de vitesse, ou d'énergie, — elle communique à l'éther ambiant une quantité d'énergie qui augmente sa pression, — jusqu'à un certain équilibre. A ce moment la fréquence des vibrations a diminué grâce à la pression de l'éther.

Lorsque l'équilibre est établi, la vibration dans cet éther ne cause plus aucune modification à l'éther, les ondes positives ont plus de molécules, mais leur gain de vitesse $[v - \Delta v]$ est compensé par une perte de vitesse $[v + \Delta v]$ un peu plus grand pour l'autre onde.

2° Si comme c'est le cas pratique, la surpression de l'éther ne peut se conserver, la molécule vibrante communique de l'énergie à l'ambiance ; sa vitesse de vibration se met en équilibre avec ce milieu à éther peu dense, de vitesse de vibration plus grande que la normale. Lorsque l'équilibre est établi, la molécule vibre éternellement dans cet éther sans produire aucun travail.

3° Lorsqu'une molécule vibre dans un milieu peu dense, elle possède pour une certaine vitesse de vibration v, une surpression plus faible que dans un éther dense (à l'inverse de la densité).

4° Lorsqu'une molécule à excédent d'énergie se trouve près d'une autre, ou à peu de distance, elle lui communique de son excédent, et les deux corps gardent à eux deux l'énergie commune ; l'état de l'éther ambiant n'a pas changé.

Rayonnement. — Une molécule vibre dans un éther à grande vitesse et peu de densité, nous évaluons l'énergie de cette molécule, par la méthode ordinaire, elle est de 1000° (de 1000° de température par exemple). Cette molécule est parfaitement en équilibre dans cet éther, et si celui-ci reste constant, elle vibrera éternellement avec la même vitesse.

Mais la vitesse exagérée de l'éther entraîne une perte de vitesse à chaque choc avec l'éther à vitesse normale qui se trouve non loin de là, c'est ce que nous avons appelé cheminement, c'est la perte par convection.

Résultat : la molécule arrive à vibrer avec sa vitesse v dans un milieu d'éther qui a grande vitesse et faible densité d'abord, se rapproche ensuite de la vitesse normale ; l'équilibre est rompu ; cette vitesse correspondait à une certaine énergie, qui serait trop grande dans ce nouvel éther ; un nouvel équilibre s'impose. Notre corps chaud va augmenter la vitesse de cet éther qui lui arrive, mais à ses dépens il restitue à l'éther le travail emprunté. On dit que le corps rayonne. Tous les corps avec excès d'énergie rayonnent, parce que l'éther reprend peu à peu par convection sa vitesse normale.

Application à la force vive. — Il est possible en suivant le raisonnement précédent de compléter, grâce aux vibrations produites, ce qu'on a dit pour la force vive.

Un mobile se déplace ; il subit une compression de plus en plus grande, tant que la vitesse s'accélère.

La vitesse devenant régulière, un équilibre s'établit forcément, parce que le corps se modifie, jusqu'à ce qu'il y ait équilibre.

L'avant du corps se trouve dans un éther relativement comprimé, dont le gain de vitesse est rigoureusement égal à la perte que les molécules subissent à l'arrière, dans un champ au contraire déprimé.

Les vibrations de l'avant sont rapides, de fréquence plus grande, d'amplitude plus faible, en moyenne de moins de vitesse.

Les vibrations de l'arrière, dans l'éther déprimé sont de moindre fréquence, de plus d'amplitude mais en moyenne de plus de vitesse. L'équilibre est établi ainsi.

Mais le corps s'arrête sur un obstacle ; mv, sa quantité de mouvement est négligeable, même pour un boulet. Mais la partie arrière des molécules vibre très vite, cette vitesse est exagérée, par rapport à l'éther, vitesse ordinaire qui se reforme à l'arrière, — ces vibrations à excès de vitesse font l'effet d'une rame, d'une hélice, elles poussent le corps en avant, jusqu'à ce que l'équilibre se soit établi, jusqu'à ce que l'excès de pression se soit restitué. En s'arrêtant, le boulet devrait reprendre son volume primitif, diminué *par la force-vive accumulée*, — *le peut-il*. S'il cherche à reprendre son volume, il augmente la densité, la vitesse de l'éther, celui-ci ne peut s'échapper de suite, emprisonné dans les mailles de la matière. Il comprimera donc les molécules, dans toutes les directions, et celles-ci seront comprimées dans tous les sens ; la force vive agissant au début dans une direction seulement réagit dès lors sur toute la surface, le projectile est devenu chaud.

RÉCEPTION DES ONDES PAR LA MATIÈRE

La matière vibrante agit sur les matières réceptrices de 2 façons, ou bien les ondes produites entretiennent simplement dans tout l'espace environnant un état particulier de l'éther, amenant des attractions et des répulsions comme nous l'avons vu aux phénomènes moléculaires, et que nous étendrons à l'attraction universelle, ou bien, et c'est ce cas particulier que la physique étudie surtout, les vibrations trouvent un écho, des molécules qui vibrent synchroniquement et isochroniquement avec lui ; ce n'est plus le champ d'éther particulier qui agit, mais ce sont les ondes elle-mêmes. Or ces ondes agissent par leur alternative de pression et de dépression. L'action est ainsi proportionnelle à $\dfrac{vV}{D^2}$, v représente la différence de vitesse entre les 2 ondes, V est un coefficient énorme, la vitesse de la lumière, quant à D, il est représenté en rayons de la surface émettrice, cette valeur représente la dilution des molécules primitives, avec leurs grandes différences de vitesse, par les molécules d'éther de vitesse normale ou à peu près.

Si ces ondes positives et négatives peuvent agir sur un corps qui vibre isochroniquement, elles augmentent la pression par leurs ondes positives puis augmentent la dépression , c'est-à-dire rendent les vibrations plus énergiques, avec un travail qui, s'il était la moyenne des 2 ondes, serait bien faible, mais qui utilisé ainsi à chaque oscillation finit par causer une surpression suffisante, de là la sensibilité des yeux, et en général de tout ce qui utilise la force alternative.

Là encore nous retrouvons l'importance de la loi de l'isochronisme.

Le travail gagné par la matière réceptrice l'est aux dépens de la matière émettrice. — Il faut bien qu'il en soit ainsi, sans cela nous aurions production de travail sans dépense. Voici comment cela se produit. Soit A la surface du corps vibrant si B vibre isochroniquement, les

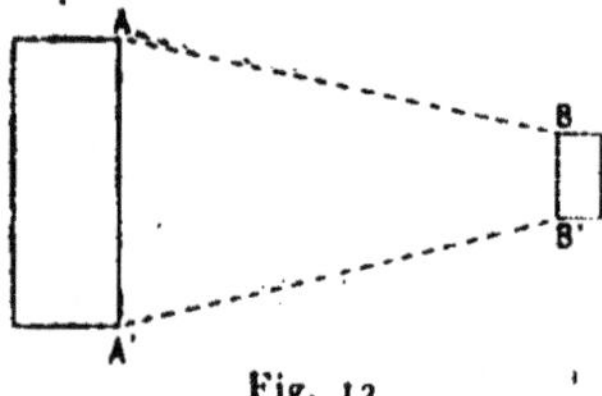

Fig. 12

vitesses de A viennent agir sur B dont le mouvement s'accélère ; il gagne du travail, soit t ce travail qu'il gagne, mais en même temps les vitesses se retranchant, la pression de l'éther dans la zone AA' BB' a diminué, les vitesses des ondes, et les pressions en BB' sont comme $[V + v - v']$ et $[V - v + v']$ (*fig.* 12).

La vibration de vitesse v' diminue donc la surpression, l'éther se rapprochant de la vitesse V, et v^2 diminue d'autant, et la molécule AA' devra se dilater pour se remettre en équilibre avec l'ambiance ; puisqu'elle est maintenant en surpression.

Il est vrai que BB' enverra des ondes vers AA' qui auraient, étant synchroniques avec celles de AA', une tendance contraire. Mais il faut remarquer que l'intensité des vibrations de BB' étant augmentée, cette augmentation d'énergie profite à l'espace, tout autour de BB', et que la section AA' BB' n'en récupère qu'une très faible partie.

BB' prend ainsi du travail à AA' et restitue peu de chose, presque rien.

Voici une des conclusions à tirer de ceci ; calculant par des méthodes douteuses du reste, la quantité d'énergie fournie à la terre par le soleil, et supposant que toute la sphère autour du soleil, dont le rayon serait celui de la distance terre-soleil, reçoive la même quantité d'énergie, on en a déduit pour la dépense d'énergie du soleil un chiffre formidable, si grand que pour l'expliquer, on a été jusqu'à supposer la présence du radium ! La réalité est tout autre, la dépense du soleil n'existe, aussi grande que grâce à la présence de la terre (ou des autres planètes) le soleil nous chauffe, mais à ses dépens, et dans les directions où il n'y a pas de planètes, soit sur la presque totalité des cieux sa dépense est incomparablement plus faible.

Les expériences sur le rayonnement ne tiennent que très peu de compte de tout cela, de la valeur de l'ambiance.

Rayons lumineux et rayons calorifiques. — Les vibrations quelconques représentent toutes une certaine énergie. Mettons donc un corps en regard d'une surface vibrante, elle absorbera de l'énergie, mais à une condition, c'est qu'elle n'en ait pas davantage que la source, sinon ce serait le contraire qui aurait lieu. Autrement dit la surface émettrice d'ondes ne peut fournir à la molécule en regard d'énergie que jusqu'à une certaine valeur d'équilibre, et si le récepteur ne prend rien, l'autre n'aura rien à fournir.

Or que se passe-t-il sur terre ? nous avons vu que isolées dans l'espace, la molécule d'hydrogène et celle de plomb, prendraient aux dépens de l'éther, grâce à leur vibration, une énergie très différente, où la masse aurait un rôle prépondérant, le plomb dominerait.

Mais nous mettons ces molécules en contact, le plomb cédera dans les chocs continuels de l'énergie à la molécule d'hydrogène ; lorsque l'équilibre sera établi, la force vive des deux molécules sera la même, cela est sûr, mais ce qui est sûr aussi, c'est que le plomb n'a pas l'énergie qui lui convient de par sa masse, que l'hydrogène en a de trop. Envoyons sur ce mélange des rayons émanés de l'extérieur, la molécule lourde pourra absorber quelque chose, étant en déficit, l'hydrogène lui sera en équilibre, ou à peu près.

Ainsi nos rayons de grande fréquence, s'adressent surtout aux molécules à poids moléculaire faible. D'un autre côté la façon de reconnaître les parties calorifiques du spectre amène une autre source d'erreur, on opère avec les aiguilles ou piles thermo-électriques, à molécules lourdes, et qui pourront n'être pas autant influencées par les vibrations à grande fréquence que si elles étaient construites de matériaux différents.

Dans les rayons, pour la réception des ondes, le récepteur a une influence prépondérante.

Pour moi les rayons dits seulement lumineux ont également le pouvoir calorifique, qu'on les reçoive sur des molécules légères, vibrant à leur fréquence et suffisamment froides, et nous aurons du travail à recueillir, comme pour les autres.

ABSORPTION PAR LES GAZ. EXPÉRIENCES DE TYNDALL

Si une suite d'ondes puissantes émanées du point A, vient traverser un corps B composé de diverses molécules gazeuses, par exemple, un spectateur placé en C de façon à ne pas être influencé par le rayonnement de A, soit par sa situation, soit par la composition du récepteur,

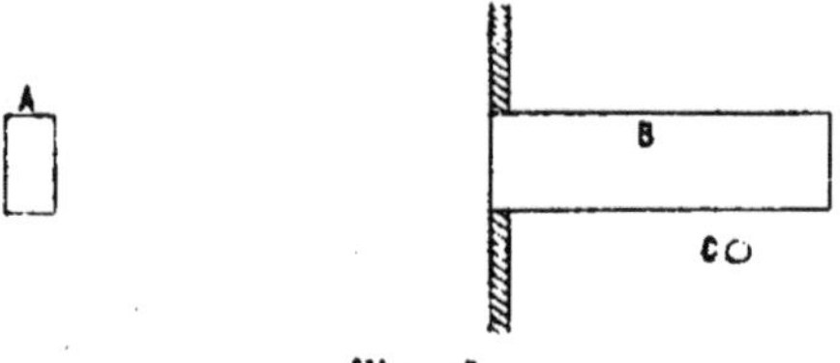

Fig. 13

soit par un artifice quelconque, enregistrera pourtant une résultante de l'action de A sur B (*fig.* 13).

Tyndall a trouvé ceci que alors que l'hydrogène ne conduit pas. ne transmet pas d'énergie, les corps à composition complexe en transmettent plus, 80, 100 fois par exemple, et les molécules spéciales, très complexes de la chimie organique, introduites dans R agissent suivant leur proportion, avec un coefficient qui est des centaines de mille fois plus grand, à volume égal.

L'explication est la suivante. Les ondes émanées de A rencontrent dans B des vibrations de même longueur d'onde, car les gaz indépendamment de leur vitesse de translation vibrent, et elles leur donnent le travail qu'elles peuvent donner, et rien de plus, si l'épaisseur de B est 1 mètre ou 1 centimètre, si ce centimètre est suffisant, les 99 centièmes d'après seront inutiles (corrections du refroidissement de convection à part), et si nous calculons un coefficient, il sera d'autant plus fort que ce qui fournit A sera capté par moins de molécules.

D'autre part, les molécules gazeuses ont toutes même énergie, et cette répartition d'énergie fait que les molécules de poids faible ont déjà plus d'énergie qu'elles ne devraient en avoir. isolées dans l'éther ; leur pouvoir absorbant est donc diminué de ce que leur équilibre pour cette radiation est peu différent de celui que peut fournir au maximum la longueur d'onde absorbée.

Enfin une molécule H, CO³, SO², etc., absorbe une petite quantité de vibrations, bien déterminées, au contraire les molécules très complexes de chimie organique absorbent une plus grande quantité de ces ondes, de fréquences différentes. De plus, dans les expériences de Tyndall, si les gaz étaient introduits purs, les matières autres, amines, matières odorantes étaient mises là en quantité infime, tout servait utilement à l'absorption : d'où ce pouvoir énorme de captation, atteignant des centaines de mille fois celui de l'hydrogène, en tenant compte du nombre de molécules en jeu.

La nature de la source A a son importance, car si elle n'envoie pas des ondes parfaitement définies comme vibrations, ces ondes se maintiennent dans de certaines limites de fréquence ; et une source agira sur un corps, alors qu'une autre source de chaleur ou de lumière n'agira pas. Les pouvoirs absorbants, émissifs, etc., sont ainsi essentiellement variables.

ANALYSE SPECTRALE

Il se passe dans l'analyse spectrale, quelque chose d'analogue à ce qui se passe dans ce que nous avons vu, pour les expériences de Tyndale.

Si entre la source émettrice, donnant des vibrations énergiques, et l'appareil récepteur, on interpose des molécules donnant des vibrations isochrones à celle de la source émettrice, les ondes sont interceptées, et les molécules intermédiaires voient augmenter leur énergie, elles rayonnent cette énergie qu'elles ont prise dans toutes les directions, et le récepteur reçoit les ondes émises par ces intermédiaires, mais quelles valeurs ont-elles : presque rien. Si par exemple une source est à 2 000", que nous plaçons à 20 mètres un appareil, celui-ci reçoit des ondes puissantes les enregistre ; plaçons entre les deux un tube contenant du gaz à la température ordinaire et absorbant les radiations précédentes ; son énergie montera par exemple à 100°, et notre œil recevra des ondes de plus près c'est possible mais émanant d'un corps à 100°, c'est-à-dire que ces ondes ne pourront plus donner de lumière, ce sont des ondes, on pourrait dire négatives, en comparaison des premières.

C'est sur ce fait qu'est basé la spectroscopie, avec ses deux grands phénomènes : les corps très chauds donnant des ondes puissantes de longueur d'ondes bien définies, lumineuses par exemple, — les vapeurs du même corps, plus froides, interposées, interceptent les premières et mettent les leur à leur place; sur fond lumineux, c'est du noir que l'on obtient.

Quelques particularités de l'analyse spectrale. — La façon dont les atomes simples composent les atomes plus complexes influe sur la fréquence de leurs oscillations. En général, dans une même série, les spectres se ressemblent, mais le poids moléculaire augmentant, la fréquence diminue. Les masses voisines soudées se contrarient par leur cadence, leurs alternatives de pressions et de dépressions, ce qui se traduit par les variations d'amplitude, de fréquence.

Dans un corps, il y a des épaisseurs différentes de matière, et il y en a d'autant plus que l'atome et la molécule se compliquent de plus en plus. Si à une température donnée, on obtient des molécules ayant 8, 6 atomes soudés, on aura un certain spectre; si l'on monte plus haut, à 4, 2 atomes, le spectre se modifiera.

C'est probablement ce qui arrive pour le fer, magnésium, etc. — dans la partie haute de l'atmosphère solaire; comme dans nos sources ordinaires, nous avons les spectres très compliqués, correspondant à Fe^2, Fe^4, etc., si nous chauffons davantage, nous pourrons avoir le spectre du fer, à l'état d'atome, et il est évident que son spectre sera beaucoup plus simple. C'est là, je crois, l'origine des raies nouvelles du fer découvertes soit dans le soleil, soit obtenues avec les étincelles extrêmement chaudes.

CHAPITRE VIII

—

ÉLECTRICITÉ

L'étude de l'électricité, au point de vue théorique, n'a jamais été bien claire; ne possédant pas de théorie bien définie, on a été amené à grouper ensemble des phénomènes très différents, manifestations souvent déconcertantes, par leur variété, d'une force inconnue.

Ainsi les lois de l'électricité dite statique ont été étudiées, par Coulomb surtout, à la fin du xviiie siècle, c'est-à-dire avant que l'électricité dite dynamique ne fût connue. Les résultats, au point de vue de la conception de l'électricité, ont été curieux. On avait trouvé, et avec raison, que l'électricité se maintient à la surface des corps, on était arrivé à transporter des charges électriques, par le plan d'épreuve, comme on transporte un objet quelconque. Aussi dans les machines électriques dites statiques, on emploie de gros conducteurs, une machine qu'un enfant fait tourner, dans un cours de physique, a des conducteurs de dimensions énormes, dix, quinze centimètres de diamètre, et creux.

Mais on arrive à l'électricité dynamique, on opère avec des machines de plusieurs milliers de chevau.., l'électricité produite a le même voltage que l'électricité statique, grâce à divers dipositifs; la production en quantité est ainsi infiniment plus grande, et la conductibilité doit être excellente, puisque l'on veut conduire la force, souvent à plus de 100 kilomètres. Que va-t-on prendre ? des conducteurs énormes, creux, à surface bien polie, comme ceux des machines statiques ? C'est tout le contraire, on prend des câbles longs, minces, de surface quelconque, oxydée si l'on veut, les conducteurs sont pleins, de façon à réduire la surface relativement à la section. Somme toute, on fait exactement le contraire de ce que l'on faisait précédemment, comme si l'électricité dynamique était une chose entièrement différente de l'élasticité statique.

Et dans les livres classiques, les plus répandus, on consacre 40 ou 50 pages à démontrer, expliquer les théories de 1785, avec un nombre considérable de formules, on admet, on démontre que l'électricité n'existe qu'à la surface des corps. Passant ensuite aux machines modernes, au lieu d'insister sur la grande différence des résultats, on se contente de remplacer le mot statique par le mot dynamique, et on donne sans discussion la nouvelle formule du conducteur électrique, cette fois c'est tout le contraire, la section seule est en jeu, tout comme si l'électricité passait maintenant à l'intérieur du conducteur, mais on n'ose pas insister, de sorte que les élèves restent convaincus de ce fait que seule la surface des conducteurs peut être électrisée.

Si l'ouvrage est un livre moderne, pratique, on ne parle bien entendu que de la section des conducteurs, de leur nature intime, mais alors on évite avec soin de parler de l'autre électricité.

En réalité on a affaire à **deux choses** complètement différentes, à de la matière, des molécules électrisées, d'un côté, et pour l'électricité dynamique, à un courant d'éther.

Dans ces derniers temps, l'étude de l'électricité ne s'est pas simplifiée, au contraire; les découvertes des rayons électriques, des molécules chargées d'électricité, ont amené une nouvelle confusion, et on a commencé à rattacher à l'électricité toute l'étude de la lumière. D'autre part, l'idée bien définie de l'atôme matériel a été battue en brèche, et on en a fait un centre hypothétique de forces inconnues, ou bien un système planétaire, composé de toutes sortes de choses.

Chaque idée, chaque hypothèse correspond à un fait, mais on ne s'inquiète pas de savoir si l'hypothèse faite n'est pas contradictoire aux autres phénomènes scientifiques. Le bon sens paraît aussi avoir été pas mal délaissé. Somme toute, on se dirige vers une science de plus en plus complexe, et qui n'est plus composée que de choses abstraites.

Nos hypothèses expliquent-elles ce qu'est l'électricité ? — Nous avons admis, au début, une théorie formulée en quelques lignes.

La matière, l'atôme a une existence bien définie, une forme nette, un volume déterminé pour chaque espèce; la matière est compressible, élastique, et sous l'effet d'une compression, son volume diminue, sa force élastique s'exagère, de manière à lui permettre de tenir tête à l'action de l'éther.

D'autre part, l'éther est un fluide, matériel comme nos gaz, causant des pressions sur les matières, il est cause de la force vive de ces dernières, mais cette propriété, l'énergie accumulée, travail ou force vive, ne lui appartient pas, l'éther ne possède que sa quantité de mouvement.

Si ce que nous avons admis est exact et suffisant, avec les conséquences nécessaires, directes, nous devons pouvoir prévoir et expliquer les phénomènes électriques, en nous aidant, soit des faits positifs bien connus, de l'histoire des gaz, soit des méthodes d'études indiquées dans les chapitres précédents.

C'est en effet ce qui arrive, et les phénomènes électriques peuvent être prévus, et l'étude de l'électricité pourra se faire par les méthodes déjà employées par nous. Comme précédemment, il nous faudra étudier l'électricité sous son triple aspect. Tout phénomène électrique part d'une action matérielle, un mouvement, une matière surcomprimée ou ayant au contraire un défaut d'énergie : c'est par exemple l'induit de Gramme, ou la particule électrisée, produisant le champ électrique.

Cet état particulier de la matière, à énergie modifiée ne peut se maintenir que si l'éther environnant peut lui faire échec, sinon l'éther l'emportera, en plus ou en moins, et il y aura réaction de la matière, augmentation ou diminution, jusqu'à équilibre. Nous aurons ainsi un éther modifié à son tour, et il peut l'être de diverses façons; à pression égale, sa quantité de mouvement peut être augmentée, par l'augmentation de sa densité, la diminution de sa vitesse, nous aurons un éther, un espace plus puissant, agissant plus énergiquement sur les corps qui se déplacent, ou bien nous aurons un courant, si la pression est trop grande, plus grande que la normale, que l'ambiance neutre.

Enfin l'éther modifié réagira à son tour sur les molécules voisines, il y aura des matières réceptrices, qui emmagasineront, en les diminuant, ces perturbations de la force éthérée, nous aurons à enregistrer des mouvements, des pressions, des actions moléculaires, devenues réceptrices, accumulatrices d'énergie.

Notre éther dans tout cela agira comme un gaz, comme agit la vapeur, nous aurons les mêmes courants, variations de vitesses, de densité, mais non seulement nous aurons à tenir compte de la réaction vibratoire de la matière, qui varie suivant la densité de l'éther, pour la même raison qu'une hélice tournant à même vitesse, réagit davantage sur l'eau que sur l'air, mais aussi nous nous trouverons de nouveau en présence de cette propriété spéciale de l'éther, qui est la seule différence qui le sépare des gaz, l'absence de force vive, avec ses conséquences accoutumées; à savoir, que si nous mélangeons deux volumes égaux d'éther, de vitesses différentes des molécules d'éther, ces deux volumes, à pression égale, ont des énergies différentes, ce qui n'avait pas lieu pour les gaz. Mélangées, si le volume résultant est le même, il sera à une pression moins forte, cela se traduira par un courant d'éther, par un courant électrique, lent ou rapide, suivant que notre mélange permettant aux vitesses de s'égaliser, se fait vite ou se fait lentement, et ceci jusqu'à rétablissement de l'équilibre de la pression normale ; de là les attractions, les répulsions.

C'est ce même phénomène que nous avons vu avoir des conséquences si importantes pour la vibration, pour le déplacement dans l'éther. Pour la vibration, il nous avait permis de créer gratuitement une force, la vibration créant une surpression dans l'ambiance, de par sa présence ; nous le retrouverons à la base de l'attraction universelle, nous le retrouverons dans l'électricité, où l'action moléculaire de l'aimant nous créera un champ magnétique, capable de soutenir certains poids, nous aura ainsi permis de lutter contre la pesanteur qui est une force par une force semblable, gratuite aussi, le magnétisme.

L'électricité comportant plusieurs chapitres à cause des procédés pratiques d'obtention du point de départ, nous suivrons la division ordinaire de l'électricité dite statique, du magnétisme, du courant continu.

Bien entendu dans cette étude, lorsque nous disons que la matière vibre dans l'éther, nous parlons de la vibration moléculaire, non pas d'un déplacement de droite à gauche, comme dans le diapason, mais des déplacements des parois de la molécule dont les contractions, puis les dilatations, en se succédant, créent le mouvement alternatif de la paroi correspondant à ce que nous appelons la vibration ; pour l'électricité, comme pour la lumière.

ÉLECTRICITÉ STATIQUE

Ces phénomènes si complexes qu'ils paraissent, si différents de ceux de la chaleur au premier abord peuvent pourtant leur être comparés point par point. Pourquoi donc tant de différence, une comparaison pratique le fera comprendre ; si nous recevons des colis, nous pouvons les considérer sous deux aspects, l'extérieur parfois volumineux, peut contenir peu de valeur à l'intérieur, quoique l'ensemble soit bien encombrant, ou bien nous pouvons avoir un paquet d'extérieur peu volumineux, mais qui intérieurement contient des produits de valeur, du travail accumulé. Ainsi les vibrations avec leurs ondes successives, qui nous sautaient littéralement aux yeux de bien loin, ne nous apportent qu'un peu de travail, d'énergie mécanique comme conclusion, malgré leurs trillions d'ondes. Dans l'autre cas, l'enveloppe extérieure, la vibration disparaît devant l'énorme valeur en face du contenu, de l'action mécanique de l'électricité.

Un volt $\frac{1}{2}$ d'électricité cela ne se voit guère, mais cela correspond aux 2 000° de la combustion de l'oxygène qui se voient parfaitement, même de loin.

CHALEUR
Pression par la vibration.

—

I. La température d'un corps est marquée par une différence de pression avec l'ambiance, on compare à une valeur empirique, le 0°.

II. La molécule cherche à se mettre en niveau de pression, émettant des ondes de vitesse = 300 000 kilomètres.

III. Le corps de température t, communique sa surpression ou énergie, à l'éther et aux molécules gazeuses, qui l'absorbent, créant un champ qui se modifie comme le carré de la distance au centre.

IV. La vitesse est augmentée ou diminuée (pour l'éther).

V. Un conducteur dans ce champ prend une température moyenne, intermédiaire, entre celles de ses extrémités. Plus chaud que l'ambiance d'un côté, il est plus froid de l'autre.

VI. Il a ainsi pris de l'énergie d'un côté et l'a transportée de l'autre, et ceci aux dépens des molécules voisines, il a créé un champ qui lui est personnel.

VII. Si cette prise d'énergie a causé une modification moléculaire, en transportant le corps modifié, nous transportons une masse qui a gagné ou perdu de l'énergie, relativement chaude ou froide.

ÉLECTRICITÉ STATIQUE
Pression mécanique.

—

Le potentiel électrique d'un corps est marqué par une différence de pression avec l'ambiance. On compare avec l'éther qui nous entoure, ou neutre.

Le corps électrisé cherche à perdre son excès de pression, par des ondes de la vitesse de 300 000 kilomètres.

Le corps électrisé, communique sa surpression ou énergie, de potentiel p volts, à l'éther, et aux molécules gazeuses, qui l'absorbent, créant un champ qui se modifie comme le carré de la distance au centre.

La vitesse de l'éther est diminuée (positif) ou augmentée.

Un conducteur, dans le champ, prend un état électrique uniforme moyen entre ceux de ses extrémités, son potentiel est en excès d'un côté, en défaut de l'autre avec l'ambiance.

Il a pris de l'énergie d'un côté et l'a transportée de l'autre, et ceci aux dépens des molécules voisines, il a créé un champ qui lui est personnel.

Si cette prise d'énergie a causé des modifications moléculaires, mécaniques, en transportant les corps modifiés, nous transportons des masses qui ont gagné ou perdu de l'énergie, sont devenues positives ou négatives.

LA MOLÉCULE ÉLECTRISÉE, RÉACTION SUR L'ESPACE

Les molécules prennent par rapport au milieu où elles sont plongées, une certaine surcompression relativement à la pression théorique de l'éther de par le fait de leur vibration. Cette surcompression varie avec les périodes de vibration, les vitesses. Si nous changeons ces conditions, si nous comprimons artificiellement la molécule, ou si nous modifions momentanément la valeur en énergie du milieu où s'opère la vibration, notre molécule a, par rapport à sa situation dans un éther normal, un excès d'énergie variable, que nous évaluerons par la température, dans certains cas, par la force vive dans d'autres, par le potentiel électrique, dans notre chapitre actuel.

La pression sera notre potentiel, nos volts, en langage courant, et l'énergie totale, sera la fonction de ce potentiel ou pression de chaque molécule, vis-à-vis de l'ambiance, multipliée, par le nombre de ces molécules chargées.

Mais l'action du champ de la pression peut varier suivant les molécules, les unes plus résistantes, de par leur forme, de par la cadence de leurs vibrations, qui peuvent se gêner entre elles, pourront s'harmoniser facilement avec la pression qu'on exerce sur elles, même aux dépens de leurs voisines, à qui elles repasseront leur excès d'énergie momentanée, c'est ce qui arrive dans les électrisations par chocs, par frottement, par la chaleur.

La molécule électrisée et l'ambiance. — Il doit toujours y avoir équilibre entre l'éther et la molécule. Si cet équilibre n'existe pas, une onde se produit, positive ou négative, afin de rétablir l'équilibre. Donc si notre molécule a reçu une surcompression momentanée, accidentelle, la première chose qui se produit, dès que la molécule est libre, c'est une onde, la molécule cherche à s'équilibrer avec l'ambiance.

Mais cette onde, que devient-elle ; deux cas peuvent se produire, elle est dans le vide, autrement dit dans l'éther seul, — l'onde se développe dans l'ambiance, se noie et ceci avec la vitesse ordinaire, 300 000 kilomètres. Elle modifie momentanément, d'une manière infime l'état de l'espace ambiant, le cheminement remettra vite les choses en état, le réservoir universel de force a repris ce qui lui avait été emprunté.

Si cette onde se développe dans un milieu matériel, et dans le cas que nous étudions, l'air entoure tous nos appareils, ce milieux gazeux ne peut rester inerte à cette onde positive ou négative, à cet excès d'énergie qui lui arrive, la molécule va se mettre en équilibre, se comprimer par exemple, sa compression absorbera d'abord l'excès de vitesse de l'onde, mais si celle-ci était non seulement de grande vitesse, mais aussi de grande densité, cela ne suffira pas, la pression est encore trop grande, la molécule continue à se contracter, et en même temps elle diminue la vitesse de l'éther au-dessous de sa vitesse normale, de façon à ce que sa diminution de vitesse compense son excès de densité et finalement cette molécule se trouvera dans un milieu plus dense, de pression égale à la pression de l'ensemble, mais dont la quantité d'énergie est supérieure à la quantité normale, si nous avons affaire à un champ positif.

Ce que fait cette molécule type, toutes le font, l'onde passe sur elles, et une partie de l'énergie en excès s'accroche à chacune.

La densité de l'éther et la vibration. — Ces molécules gazeuses se trouvent avoir retenu chacune une partie de l'énergie échappée de la source d'électricité, elles sont surcomprimées, et ceci dans un champ de pression normale puisque l'éther ne peut rester sous pression, sans donner à l'onde électrique de 3oo.ooo kilomètres de vitesse de déplacement. Mais cette propriété n'est pas extraordinaire du tout et elle est même facile à expliquer : notre matière vibre, et ceci dans un champ d'éther plus dense, la même vitesse de vibration lui donne plus d'énergie. En réalité, chacun y met de son côté, l'éther a une densité un peu plus grande, la molécule vibre un peu moins vite, total l'équilibre et une surpression, non par rapport à la quantité d'énergie de l'éther local, mais à un éther de composition, de vitesse normale, pression normale.

LE CHAMP ÉLECTRIQUE

Nous pouvons alors examiner de près la constitution de ce champ électrique, devenu une chose bien définie. Au milieu, le corps électrisé initial, il a commencé à perdre une partie de l'énergie qu'il avait, mais en même temps, il a augmenté l'énergie de l'éther et des molécules environnantes, un équilibre s'est établi, et il a gardé la plus grande partie de son énergie, car nous savons que la densité de l'air est bien faible, et l'emmagasinement se fait suivant le nombre des molécules, plus faible dans les gaz que dans les matières solides.

Les premières molécules d'air ont laissé passer une partie de l'énergie aux molécules situées en arrière, jusqu'à l'extérieur du champ. La densité, l'énergie de l'éther diminue, de plus en plus, à partir du noyau créateur, et l'énergie des molécules diminue, peu à peu l'équilibre est bien près d'être établi, et nous avons un champ constant, ou presque, à la périphérie, la vitesse de l'éther est celle de l'ambiance, la charge moléculaire est devenue o.

Rayonnement du champ. — Si des molécules d'éther, de vitesses différentes, entrent en contact, elles échangent de la vitesse, à chaque choc, et les angles de chocs ayant en moyenne une valeur fixe (30°) les échanges de quantité de mouvement se font proportionnellement aux différences de vitesse.

La densité plus grande du champ tend donc à diminuer de plus en plus, par suite de cet échange de quantité de mouvement. Mais si le champ se rapproche de la normale, 2 faits se produisent, en sens inverse les molécules matérielles du champ, vibrant dans un éther moins dense sont en surpression relativement à ce nouveau milieu, elles se dilatent, et elles augmentent la vitesse de vibration de l'éther, compensant ainsi la perte de pression résultant du mélange des éthers de quantités de mouvement m V différentes. Ainsi le champ diminue d'énergie, d'intensité, par ce mélange, l'énergie emmagasinée par la molécule centrale, par les molécules matérielles qui l'entourent, maintiennent la pression, mais en faisant ceci, elles augmentent la vitesse de l'éther, qui se rapprochant de la vitesse normale, perd par choc une quantité de mouvement de moins en moins importante. La déperdition du champ, par unité de temps, tend donc à décroître de plus en plus ; si nos champs pratiques sont relativement stables, c'est qu'ils sont faibles, vis-à-vis des forces naturelles.

Propriétés du champ électrique. — Il y 2 choses à considérer :
1° Comment se comportent les molécules du champ les unes envers les autres, envers le noyau central.
2° L'action du champ sur un champ voisin.

En ce qui concerne le premier cas, nous savons que, quand une paroi moléculaire vibre dans un éther de plus forte densité qu'un autre, elle subit une pression plus forte.

Donc dans les champs électriques, les molécules se dirigent vers la partie du champ à éther moins dense, moins puissant, elles recevront une poussée de ce côté ; les molécules gazeuses des champs négatifs, ont au contraire tendance à se concentrer. Seulement dans l'air, ces actions vis-à-vis de la pression atmosphérique sont faibles pour nos champs ordinaires.

De cela il résulte que les matières, en vibrant, forment un champ négatif, par rapport à l'ambiance puisqu'à pression égale, et les pressions ne pouvant subsister, elles forment un milieu éthéré à vitesse accélérée à faible intensité, d'où la pesanteur, qui n'existe que dans les champs négatifs.

Pour les champs eux-mêmes, l'action est différente.

Deux volumes d'éther, de densités différentes, mélangés, créent un vide, relativement à l'ambiance, fait dont nous avons maintes fois parlé. Ce vide est d'autant plus important que la vitesse des molécules entrant en contact est plus différente, que le champ diminue plus vite d'intensité.

Or cette diminution de volume, ce vide produit, si nous mettons 2 champs électriques en regard l'un de l'autre est plus considérable :

1° Entre les 2 champs électriques, un positif, et un négatif, dans la portion entre les 2 champs, ceux-ci auront donc tendance à se rejoindre.

2° Entre 2 champs du même nom, positifs ou négatifs, cette différence, décroissance du champ, sera plus grande du côté extérieur, opposé à la ligne qui joint les champs ; ainsi 2 champs de même signe se repousseront : D'où les lois :

Dans un champ positif. Tendance à l'expulsion.

Dans un champ négatif. Tendance à l'attraction.

Par contre les champs de même signe se repoussent, de signe contraire s'attirent. De là nous tirerons les lois de l'équilibre des astres, car les lois de l'attraction n'expliquent pas pourquoi les étoiles ne tombent pas sur leur centre de gravité commun.

Vibrations électriques. Les ondes hertziennes. — Ce sont les phénomènes de la vibration moléculaire, appliqués aux molécules associées, vibrant ensemble.

Les ondes traversent les corps qui n'ont pas de période de vibration, semblable, ou de même ordre.

Elles sont au contraire interceptées, lorsque les phases ont une période commune.

L'effet mécanique correspondant sur l'ensemble, le champ est faible dès que la distance augmente ; de même le champ calorifique mécanique est faible comme valeur, relativement à l'action des alternatives, qui constituent la lumière, les rayons de divers ordres.

La télégraphie sans fil n'est que l'analyse spectrale, appliquée aux vibrations matérielles, les molécules de limailles de fer agissent parce qu'elles reçoivent des ondes hertziennes d'une période de vibration identique à la leur.

ÉLECTRICITÉ PAR INFLUENCE

Les phénomènes d'électricité par influence sont inexpliqués, ils se sont encore compliqués récemment par l'observation des boules, véritables amas d'électricité, que l'on a même pu photographier, et qui ont permis de reproduire en petit, avec nos machines, des effets analogues, à l'intensité près, à ceux de la foudre en boule, que l'on avait niée, ne pouvant l'expliquer.

Cette électricité par influence, facile à définir, comprend deux phases.

1° La modification du champ par le conducteur.

2° L'effet moléculaire sur les molécules gazeuses.

Il faut bien en effet se rendre compte, que la présence des molécules gazeuses de l'air est indispensable à la production, à l'existence du champ électrique. Supprimer l'air, c'est supprimer le champ, modifier l'air par l'addition d'un gaz différent, la vapeur d'eau par exemple, c'est

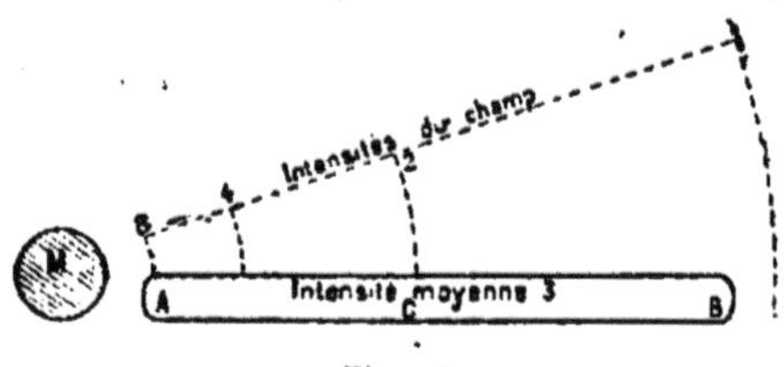

Fig. 14

perturber le champ ; la science a conclu que sa théorie, ou du moins ses explications pouvaient considérer la présence de ce gaz indispensable comme une quantité négligeable, parce que, paraît-il, les gaz ne peuvent s'électriser.

Voici un champ électrique, positif par exemple (*fig.* 14), au centre le corps matériel inducteur M, tout autour, grâce aux molécules gazeuses, empêchant le mélange par convection, l'éther a une densité exagérée, mais qui décroit à partir de M, soit comme 8, 4, 2, 1 ces nombres marquant la décroissance de l'énergie. Dans ce milieu, je place le conducteur C. Conducteur veut dire corps conduisant l'électricité, corps où les molécules d'éther se mélangent, circulent facilement ; dans ce conducteur, dans un temps assez court, l'éther se met en équilibre, et à une densité, à une énergie qui sera la moyenne entre A et C, ici ce serait à l'énergie 3, environ. Cela se passe comme si ACB était un morceau de cuivre placé près d'un poêle ; sa température moyenne sera intermédiaire entre A et B, supprimons la convection de l'air, par un morceau de feutre, et cette barre de cuivre prendra la température indiquée, intermédiaire $\dfrac{A + B}{2}$.

Nos molécules gazeuses étaient électrisées, on ne le voyait pas, puisqu'elles étaient en équilibre avec leur milieu ; mais tout change avec l'arrivée du conducteur. Celui-ci prend en A de l'énergie, pour la porter en B, et aussi pour créer autour de lui un champ à sa convenance ; et cette énergie, il la prend aux molécules d'air voisines de sa surface.

De sorte que les molécules d'air voisines de A, qui étaient en équilibre dans un éther d'énergie égale à 8, et de pression normale, c'est-à-dire positif et avaient pris une vitesse de vibration en conséquence, se trouvent vibrer dans un éther de densité bien inférieure, 3 à proximité du conducteur et même pendant un instant, la densité de l'éther est descendue à 1, à cet endroit.

Elles se trouvent ainsi en déficit dans l'éther de densité 3, du conducteur, à plus forte raison le seraient-elles dans un éther de vitesse normale dans un de vitesse exagérée.

Mais ces molécules vont-elles reprendre de l'énergie dans le champ, aux dépens de la source M pour se remettre en équilibre, c'est évident, mais les molécules près de B, pour se maintenir malgré le champ ambiant 1, à la densité d'éther 3, soutireront de l'énergie au conducteur B, qui la reprendra aux molécules qui sont en A.

Sous l'influence du conducteur, un courant constant d'énergie passe de A en B, il prend aux molécules d'air près de A, ce qu'il porte aux molécules près de B. Il maintient les premières en déficit, et les autres en excédent d'énergie.

Nous dirons alors que l'inducteur M a induit une quantité d'électricité de sens contraire, négative en A et une positive en B. C'est là de l'électricité matérielle, c'est l'effet moléculaire de la perte d'énergie.

Pour la chaleur, on perd de l'énergie en diminuant la vitesse de vibration. Pour l'électricité, on perd de l'énergie en conservant sa vitesse de vibration, lorsque l'énergie du champ environnant a diminué.

Effets moléculaires. — Il n'est pas surprenant de voir que ces changements d'énergie peuvent se traduire par des phénomènes moléculaires, chimiques ou autres. Si notre expérience s'était faite avec la chaleur, de la vapeur d'eau, existant en A aurait été condensée en eau, à 40° par exemple, et en B, de la glace se serait fondue en eau à 10° par exemple, et nous aurions pu transporter notre eau, provenant de l'énergie prise en A, portée en B.

Pour notre champ électrique les choses se passent de même, les molécules d'air d'un côté et de l'autre ont vu modifier leur longueur d'onde, et celles-là seulement qui touchent le conducteur. Elles vibrent synchroniquement, entre elles elles se groupent suivant leur nouvelle longueur d'onde, et font ainsi en s'attirant une bande à part, isolée au milieu du champ environnant. Il s'est produit, si l'on pouvait parler ainsi une cristallisation gazeuse, les molécules de même famille, de même vibration se sont groupées en masse, comme le font entre elles les matières colloïdales, les gouttes d'eau des nuages.

Les molécules forment ainsi des systèmes qui se repoussent les uns les autres, ou qui s'unissent, suivant les différences de phases. Ces masses ont une individualité propre momentanée, car elles forment elles aussi un champ qui se dissoudra comme le grand, et plus vite, puisque la masse de ces amas est infime, car ce ne sont que des gaz.

Avec le plan d'épreuve, ce que nous portons, c'est quelque chose de comparable à l'eau que nous pourrions ramasser avec une cuillère, sur un conducteur froid plongé dans de la vapeur ; c'est une des formes de l'électricité, condensée dans un corps matériel électrisé, la molécule gazeuse.

Corps conducteurs et isolants. — La nature intime des milieux matériels est extrêmement variable. Dans certains corps, comme l'air ou d'autres matières, les molécules sont ou indépendantes les une des autres, ou rangées sans ordre. Si donc un courant d'éther arrive dans un pareil milieu, il créera une pression sur chaque molécule, qui aura pour effet de les appliquer les unes contre les autres si le corps est solide, et de rendre ainsi la circulation de l'éther impossible ou très difficile comme pour le cas des gaz dont nous avons vu l'effet à ce sujet. On enregistre une pression et un courant d'électricité imperceptible, à travers tous ces obstacles.

Si au contraire les molécules sont disposées en filaments, ou en séries, au lieu de se trouver au hasard, le corps matériel représentera des espaces qui ne contiendront que l'éther, ce seront de véritables avenues, dans lesquelles le mouvement de l'éther se propagera instantanément. Si en même temps ces matières sont composées de matières flexibles, comme les éléments intérieurs du cuivre, le courant passera, et de plus en passant, il écartera de lui-même les obstacles mis en travers du courant. Par exemple pour les métaux, on pourra remarquer que la conductibilité varie à peu près comme la ductilité et la malléabilité, tandis que l'addition de matière rendant le métal moins flexible, arsenic carbone, diminue la conductibilité.

Il n'y a pas d'isolant parfait, ni de conducteur parfait, toujours le cheminement causera quelques pertes.

CONDENSATEURS

Lorsque de l'éther à grande énergie et des molécules très comprimées, ayant emmagasiné du travail sont mis en contact ou à proximité de corps à l'état ordinaire, cet excès d'énergie se partage avec la portion d'espace qui en a moins; mais faut-il pour que cela ait lieu que cette énergie ait la possibilité de circuler dans ce corps. Si celui-ci a cette propriété que nous avons appelée mauvaise conductibilité, l'énergie communiquée reste localisée, la matière mauvaise conductrice forme un champ, qui emmagasine le travail. Dans ce champ, la partie près de la source sera plus riche en énergie que les parties éloignées. C'est une action parallèle à celle de la chaleur sur les mauvais conducteurs.

En résumé, la plaque de verre de l'isolateur, agit exactement de la même façon que nos molécules d'air. La différence avec l'air est la suivante, c'est que à champ égal, la pression sur la molécule est comparable, donc la quantité emmagasinée varie suivant le nombre de molécules, suivant la masse en jeu. Or 1 litre d'air pèse $1^{gr},3$, soit environ 1500 fois moins que le verre. De même les gaz ont à volume égal une chaleur spécifique presque nulle comparée à celle des liquides et des solides.

Cela nous conduit à la condensation de l'électricité, à l'emmagasinement des charges. Mettons en présence un corps M contenant une forte énergie, avec un cylindre C, composé tantôt d'une matière, tantôt d'une autre.

La matière est conductrice; C soutirera de l'énergie à M et il la répartira régulièrement sur toute sa matière; le cylindre a pris une charge régulière, mais elle est bien faible, et a épuisé la force de M.

Notre cylindre est formé d'une matière très peu conductrice pour ainsi dire pas; de la gutta-percha par exemple. La portion au contact, se met à la même pression que M, mais par suite du manque de conducti-

bilité, cette pression ne se transmet pas, elle décroît très vite. Pourtant
notre gutta-percha a pris de l'électricité; une charge, mais peu de molécules de gutta ont eu cette faveur, notre cylindre a accumulé de l'électricité, mais si peu que cela ne nous intéresse pas, comme condensation,
mais seulement comme pouvoir isolant. Ce qui est accumulé est en effet analytiquement représenté par la courbe 2 en B'. Ce qui a été perdu par

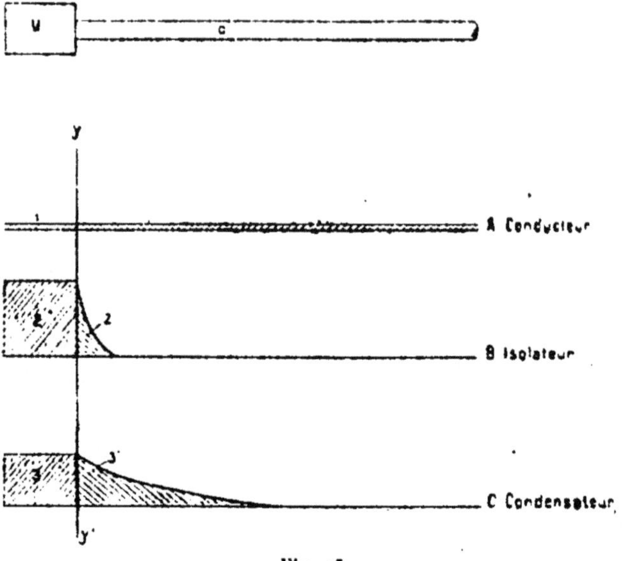

Fig. 15

la molécule M est nul ou à peu près, et ce qui reste est représenté par ce
qui est marqué par la surface 2, ce qui est accumulé, par la courbe à la
droite de yy' ;

Mais si l'isolateur est mauvais ou médiocre, de verre, par exemple, il
absorbera une certaine quantité d'énergie aux dépens de M, dont la charge
restante sera représentée par la surface 3 ; tandis que nous avons constaté
le passage dans le verre de la quantité d'énergie représentée par la courbe
à droite de l'axe des y. Nous avons alors un condensateur ; car cette charge,
nous pourrons la redonner à un autre corps.

Lois des condensateurs. — Entre le moins imparfait des conducteurs, et le meilleur des isolants, la gamme est complète, seulement le phénomène portera des noms différents. La condensation du conducteur, nous
la retrouverons sous le nom de self induction. Dans l'isolateur, on la re-
trouverait intervenant dans la capacité des câbles. La véritable condensation
pratique se retrouvera dans certains corps, dont le verre est le type, ou

le phénomène de la condensation intéressera un nombre suffisant de molécules, et où pourtant la conductibilité ne sera pas trop grande, de façon
à ce que cette pression ne circule dans notre condensateur que **très lentement.**

Pour étudier la condensation, nous prendrons 2 plaques de verre M,
M' assez épaisses, en regard l'une de l'autre.

En contact avec ces masses très peu conductrices, médiocres isolateurs,
nous mettons, 2 plaques de métal, que pratiquement nous nommons
des armatures, et dont le rôle est celui de distributeurs de pression, à ces
armatures, nous fixons les pôles d'arrivée de deux courants, l'un positif,
l'autre négatif.

Ces masses conductrices, armatures A et B se mettent au potentiel de
nos sources d'électricité ; et ce potentiel, elles le communiquent, d'un côté

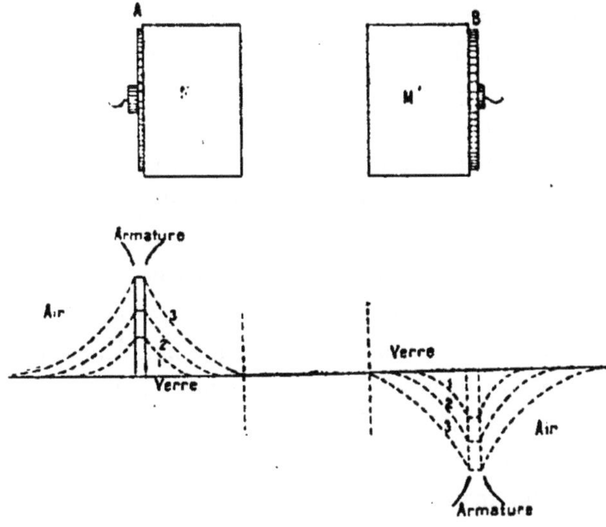

Fig. 16

à l'air ambiant, mais la densité de l'air est si faible que la perte est bien
faible de ce côté, et d'autre part à la masse de verre qui les touche. Ce
verre va se trouver très comprimé ou déprimé, suivant le sens de la
charge du côté de A et A' et cette surcompression va diminuant, à mesure que l'on s'éloigne des armatures, car la circulation de l'éther, dans
le verre, mauvais conducteur est bien lente, il se produit ce qui se passe
lorsque nous chauffons une brique, l'extrémité que nous tenons à la
main, quand l'autre partie est dans le feu s'échauffe bien, mais très peu.

Pourtant, il y a des limites à tout, et si A et B prenaient des différences de pression par trop grandes, la face opposée du verre finirait par

s'en ressentir, la brique, dans notre comparaison précédente finirait par nous brûler les doigts.

Nous pouvons représenter par des courbes ce potentiel, ou pression, ou température, ou énergie, tout cela étant synonyme, à condition de enir compte dans certaines expressions du nombre de molécules intéressées. Suivant que nous agissons plus ou moins fortement sur A, A', nos courbes prendront, en positif, en négatif, les valeurs 1, 2, 3 ... etc. par exemple. Nos plaques de condensation M, M' sont chargées proportionnellement à ce qu'indique la courbe.

Décharge des condensateurs. — Voilà nos appareils chargés, je retire le contact avec les sources d'électricité. La pression moléculaire, la charge, se répartit suivant les courbes.

Au point de vue mécanique, les molécules de nos corps sont en équilibre, pourtant elles vibrent d'un côté dans un éther plus énergique que celui de leur face opposée à l'armature; il y a pression, ces pressions s'ajoutent, et finissent par avoir sur notre verre une action qui n'est pas négligeable, seulement le verre est solide, il résiste.

Pourtant cet éther a un cheminement, si petit qu'il soit, de sorte que peu à peu, exactement comme pour notre champ électrique, l'éther se mélange à celui de l'ambiance, perd de son énergie s'il en a trop, en gagne s'il lui en manque, et notre condensateur, comme un champ ordinaire, voit sa charge diminuer, et elle diminue d'autant plus vite que les champs sont plus intenses, que les différences de vitesse des molécules d'éther sont plus accentuées. Ceci c'est la décharge lente.

Elle a lieu dans l'air, elle a lieu aussi sur les parois du verre opposées à l'armature, tout champ cherche à s'équilibrer.

Décharge disruptive. — Dans le verre, comme dans notre champ gazeux, les molécules éther échangent leur vitesse, et nous avons vu que cela se traduit par une diminution de pression locale. De cette dépression résulte un courant, mais ce courant est faible. Tout a une limite cependant, car si nous augmentons indéfiniment la charge de nos condensateurs, la pression augmenterait, sur nos molécules de verre, et le courant d'éther augmenterait; que résultera-t-il de tout ceci, le mouvement dessiné est victorieusement combattu par la résistance du verre, mais si on exagère, c'est le contraire qui a lieu. Le cheminement augmente, le travail augmente d'instant en instant, à mesure que la compression des molécules de verre s'accélère; à un moment donné la pression l'emporte, et il se produit le même phénomène que dans une machine à vapeur sur-chauffée, lorsque la pression l'emporte, on a ici une explosion parti-culière, la charge disruptive; un point faible du verre a cédé, diminuant la tension de tout l'ensemble, car en ce point, l'espace sans matière est devenu conducteur.

Le même phénomène a lieu non seulement pour les condensateurs, c'est la charge disruptive, mais aussi pour les isolateurs des câbles, de toutes les matières qui, peu ou pas conductrices, séparent des champs intenses.

Ce point de rupture du verre arriverait plus tôt, si on approchait les 2 plaques de verre du côté opposé aux armatures. Chaque condensateur positif ou négatif, cherche à l'emporter sur l'isolateur, mais si on réunit ces 2 champs dos à dos, le cheminement causé par l'un s'ajoute au che-minement causé par l'autre, la déperdition s'accélère, et l'isolateur sau-tera plus vite, accolé à un champ négatif, qu'à un champ neutre, d'éther normal.

Décharge disruptive dans l'air. — L'air est un isolateur, comme notre verre, comme lui, il laisse passer un courant d'éther, mais lente-ment, et proportionnellement à la pression, à l'intensité du champ, à la différence qu'il y a entre le champ et la partie voisine.

Approchons de notre armature à quelques centimètres, un conducteur indéfini, de charge nulle. La chute de pression entre notre armature et ce conducteur voisin, à charge nulle est rapide, le mélange des éthers se fera donc plus vite, et le courant agira sur les molécules d'air du champ qui seront déplacées. Ce conducteur décharge ainsi notre condensateur, plus vite que celui-ci ne se déchargerait s'il était seul, dans l'air, mais lentement encore.

Approchons davantage le conducteur, le courant d'éther s'accentue, la pression s'utilise de plus en plus à mesure que ces molécules d'air se mettent en marche; à un moment donné, la vitesse est telle que la den-sité de l'air en souffre, il y a comme dans un conducteur des directions sans molécules, où l'éther se mélange. La décharge s'accentue, et elle tourne à l'explosion, comme dans le verre. On a l'étincelle de décharge, qui dans l'atmosphère constitue la foudre.

Paratonnerre. — Le paratonnerre joue le rôle du conducteur dans notre exemple précédent, placé en regard d'un conducteur médiocre, ayant formé condensateur, état dans lequel se trouvent les nuages que les différences de pression, les frottements, ont chargé d'électricité.

Le paratonnerre a pour potentiel o, s'il communique franchement avec un sol conducteur. C'est donc comme lorsque nous approchons notre conducteur du condensateur, le courant s'établit, le cheminement s'exagère, et le condensateur se décharge lentement encore mais plus que sans ce paratonnerre : sa tension peut donc diminuer; et nous pourrons éviter une décharge disruptive.

Pourtant, si notre paratonnerre était trop près de ce nuage, si celui-ci était trop chargé, le contraire aurait lieu, nous aurions facilité la décharge, et en même temps nous l'aurions guidé vers notre conducteur.

MAGNÉTISME

Avec les aimants nous sommes en présence d'une force, la force magnétique, créée sans dépense de travail. Nous retrouvons là ce fait sur lequel j'ai insisté à plusieurs reprises, la possibilité de créer une pression, une force, sans dépense d'énergie, par simple action moléculaire, par une répartition différente des quantités de mouvement de l'éther.

La vibration moléculaire, dès qu'il y a équilibre, partage l'espace en deux sortes d'ondes, les positives, ayant un excès de vitesse dans une direction donnée, et les négatives, avec un défaut de vitesse.

Ici ce ne sont plus des ondes que nous produisons; mais nous avons affaire à la production de 2 zones. D'un côté, l'action moléculaire enverra un plus grand nombre de molécules d'éther, et de l'autre il en manquera. Nous aurons créé ainsi un vide d'un côté, une pression de l'autre, un courant se chargera de rétablir l'équilibre.

Nous pouvons comparer le barreau aimanté en équilibre dans son milieu au projectile à vitesse constante. L'onde positive de l'avant créra un courant qui viendra combler le vide de l'arrière. Ce courant qui ne peut être vu dans l'éther pour un projectile en marche, peut être rendu visible par l'action de l'air; on sait qu'un convoi produit une répulsion à l'avant et une véritable attraction à l'arrière, sur les matières légères.

Le magnétisme et la structure moléculaire. — Tout le monde est d'accord sur l'origine moléculaire du magnétisme :

Nous savons par expérience que la constitution intérieure d'un corps, la disposition de ses molécules influe directement sur l'éther. Dans les phénomènes de piézo-électricité, découverts par M. Curie, la compression d'un cristal dans certaines directions suffit à produire un courant bien déterminé.

En nous basant sur la structure intérieure des corps, nous pouvons nous faire une idée nette du travail de classement des molécules d'éther opéré par la forme des canaux intérieurs de la matière.

Prenons un tube T cylindrique, muni d'une tubulure *t*. Envoyons un courant d'éther, de gaz, par cette tubulure. Nous obtenons dans le tube T un courant d'égale intensité, dans les deux sens (*fig.* 17).

Mais si notre tubulure *t* débouchait, non dans un tube cylindrique, mais dans un tronc de cône, la répartition des molécules ne serait plus régulière, grâce à l'inclinaison de la paroi opposée, un nombre plus grand

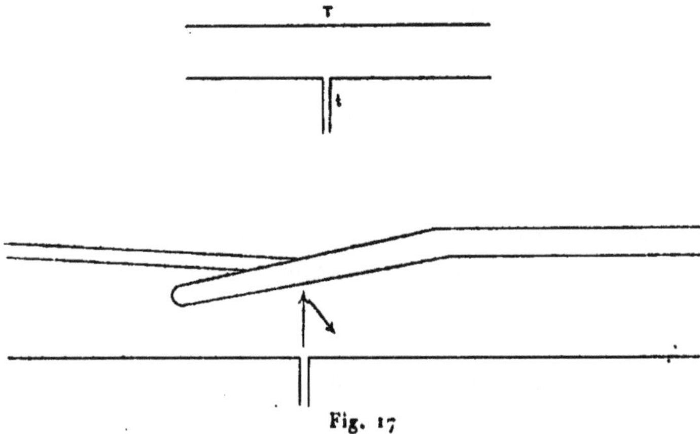

Fig. 17

de molécules ira du côté de la partie évasée. Si cet évasement n'était que local, nous obtiendrions, lorsque le tube serait revenu à sa dimension normale, un excès de courant dans une direction, tandis que du côté opposé nous aurions un courant négatif, un véritable vide qui cherchera à se combler en empruntant de l'énergie à l'ambiance.

Comme pour le cas de la vibration, nous n'avons pas produit de travail, nous avons créé le courant par simple répartition des quantités de mouvement.

Mais il est bien probable que ceci a d'autres conséquences. Si en effet nous avons une pression, ou bien le corps deviendra chaud, et ceci ne se produit pas, ou alors il devra obéir à la pression nouvelle, se mettre en équilibre et nous aurons à enregistrer une augmentation de fréquence et une diminution de vitesse dans les vibrations qui se produisent d'un côté, et l'inverse de l'autre.

Dans ce cas, notre aimant participera à la fois d'un courant et d'un champ électrique. Tout cela dans une faible proportion, à moins que nous ne puissions artificiellement exagérer ces propriétés, en faisant traverser l'aimant par un courant d'éther intensif ; c'est ce que l'on fait par l'électro-aimant.

Si ce dernier cas se produit, ce qui est probable, nous aurions au moment de l'aimantation un travail produit par cette action moléculaire, et une surcompression moyenne dans l'éther. Cela devrait se retrouver en chaleur ou travail produit lorsque nous cessons l'aimantation, et c'est ce qui a lieu en effet.

L'orientation de la force moléculaire. — Aimantation momentanée du fer doux. — Généralement lorsqu'une cause agit d'une façon continue, l'effet tend à s'exagérer de plus en plus parce que le premier résultat a été de préparer le travail futur, de rendre la force plus utile. Cela a lieu généralement jusqu'à ce qu'une cause venant en sens inverse, une résistance quelconque vienne modérer l'accélération. La force prépare son action, de la même façon qu'une rivière creuse son lit.

Dans notre morceau de fer doux à texture essentiellement fibreuse, la déformation moléculaire, l'accident que nous avons supposé, s'il existe ne doit pas être seul, il sera fréquent, mais le courant excédent réparti au hasard sera dirigé, tantôt dans un sens, tantôt dans l'autre, suivant la conformation intérieure, de sorte que notre morceau de fer doux, se compose d'une infinité de petits courants aboutissant les uns aux autres, et se neutralisant mutuellement.

Mais envoyons, d'un côté, un courant électrique, intense, d'une direction bien déterminée. Les extrémités des molécules de fer associées, dont l'ensemble constitue nos fibres matérielles, vont obéir à ce courant, dans certains cas elles rendront le passage plus facile, dans d'autres cas, plus difficile, mais en moyenne ces obstacles seront plutôt écartés par le courant et le courant s'établira. Si ce courant cesse, les fibres flexibles reprennent leur position, ou à peu près, car même pour le fer doux, il reste toujours un peu de ce qu'on a appelé magnétisme rémanent.

Magnétisme rémanent. — Si dans le cas précédent les fibres inclinées, déplacées par le passage du courant, sa pression momentanée, étaient parfaitement élastiques, il ne resterait aucune trace de l'aimantation momentanée, mais s'il n'en est pas ainsi, et cela est probable *a priori*, notre fer restera légèrement aimanté, la circulation de l'éther rendue plus facile d'un côté que de l'autre en a fait un aimant faible, grâce à ce magnétisme dit rémanent.

Cette propriété, nous pouvons chercher à l'augmenter, les moyens mécaniques, brisant les molécules, serviront pour cela : mais le résultat sera fait.

Nous pourrons augmenter considérablement ce phénomène en introduisant dans ces canaux des matières capables de l'obstruer, de servir en quelque sorte de clapets, qui une fois engagés entre des molécules, coincés, grâce à la pression momentanée exercée par le courant, pourront demeurer dans leur situation, diriger la répartition des molécules d'éther, même quand notre fort courant aura été supprimé. Les propriétés chimiques du fer nous permettent un semblable travail. Il suffit en effet de laisser en contact, à une chaleur suffisante, un morceau de fer pur, avec du charbon, pour que les molécules de celui-ci puissent pénétrer dans toute la masse du fer ; par conséquent, cette façon d'opérer, toute industrielle, puisqu'elle constitue la cémentation, prouve que ces canaux dont nous avons supposé l'existence existent bien, que les molécules de carbone peuvent y circuler lentement, donc avec quelque difficulté. Il n'y a donc rien d'étonnant à ce que le courant intense, exercé dans l'acier, n'arrive à disposer ces molécules de carbone, à les placer de telle façon qu'elles ne puissent revenir à leur place qu'avec difficulté. Nous avons en effet, par la cémentation, créé un corps, l'acier, qu'un courant électrique peut transformer instantanément en un excellent aimant.

Le champ terrestre. — Le champ magnétique, représentant à la fois un courant et un champ, subit les mêmes lois, attractions, répulsions, etc. Mais il y a un fait important dans l'étude du magnétisme, c'est celle du magnétisme terrestre. Que représente le magnétisme terrestre. On peut lui trouver deux causes, agissant ensemble et dont les actions pourraient en se modifiant l'une et l'autre expliquer bien des particularités du champ terrestre.

Tout d'abord la forte densité de notre planète en comparaison de ce qui constitue la superficie du globe, fait prévoir que dans les couches profondes, les métaux libres doivent dominer, or le plus commun des métaux pouvant jouer ce rôle de corps pesant, est le fer, que de plus est le plus fréquemment rencontré, et à beaucoup près dans les aérolithes, la partie centrale du globe, ou du moins les couches sous-jacentes à partir d'une certaine profondeur, très riches en fer, peuvent ainsi former un aimant dont les pôles seraient le nord et le sud.

Mais il y a une autre cause qui paraît aussi ou même plus importante, c'est l'action solaire sur notre globe.

Notre globe reçoit beaucoup plus d'énergie à l'équateur qu'aux pôles, et proportionnellement, à peu près, au cosinus de la latitude. De plus, cette énergie qui lui arrive varie suivant les heures du jour, le mouvement solaire et le mouvement de la terre, doivent forcément l'influencer. Nous nous trouvons ainsi dans un champ électrique, dont la direction dominante est le mouvement vers l'ouest, allant du maximum d'intensité l'est où le soleil a déjà agi, vers l'ouest.

En combinant ces deux actions, la terre aimant fixe, et ce courant variable suivant les heures du jour et les saisons, on explique l'inconstance relative du champ terrestre, malgré l'aimant fixe, central.

Propriétés et usage du champ magnétique.—En résumé, l'aimant et à plus forte raison l'électro-aimant, où l'effet est multiplié, divisent l'ambiance en deux champs, l'un légèrement surcomprimé, et dont la quantité de mouvement est en outre augmentée par la diminution légère de vitesse, venant de la vibration moléculaire un peu diminuée, c'est le pôle positif, l'autre en dépression, à vitesse légèrement réduite, sera le pôle négatif; la différence de densité de l'éther autour des pôles produira par le mélange un courant qui ira de l'un à l'autre de la même façon qu'il va de l'avant du mobile qui se déplace, à l'arrière.

Cette différence de quantité de mouvement, quoique légère, amène pourtant un cheminement, une convection qui fait que les maximums de pression et de dépression qui devraient être aux extrémités sont reportés vers l'intérieur où la convection est moins grande, ce sont les pôles.

Pour nous la propriété principale sera la présence d'un courant dont nous tirerons parti pour la production d'un courant électrique intensif, par l'anneau Gramme et le tambour des dynamos.

ÉLECTRICITÉ CHIMIQUE

Lorsque deux groupes de molécules, réagissent l'un sur l'autre, de façon à donner de nouveaux produits, les quantités d'énergie représentées dans les réactions sont proportionnelles au nombre de molécules, et à l'énergie de chacune.

L'énergie de chaque molécule est représentée, dans la pratique, par une fonction de ce que nous appelons la température; c'est la température multipliée par un coefficient, représentant les mouvements d'oscillations, les modifications amenées dans la valeur des chocs par la forme des molécules.

Donc la quantité totale d'énergie peut se représenter par la valeur N nombre de molécules $\times\ kmv^2$;

La proportionnalité du nombre de molécules est parfaitement démontrée par la loi de Faraday, qui dit que la même quantité d'électricité en électrolyse met en liberté des poids de matière proportionnels aux équivalents, donc décompose le même nombre de molécules. Pratiquement, 1 molécule demande 26,7 ampères heure.

Or l'énergie de la combinaison peut s'évaluer indéfiniment en watts, ou en calories, on sait que 1 watt = 0,858 calories. On aura aussi les équations : pour 1 molécule.

$$\text{E. I. watts} = \text{E} \times 26,7 \times 0,858 = \text{chaleur de combustion.}$$

D'où nous déduisons, en effectuant la multiplication des 2 termes constants :

La chaleur de combinaison est égale par molécule, à la force contre électro-motrice, multipliée par la constante 23.

Il faudra tenir compte de la valence, comme dans la loi de Faraday. Si nous cherchons à appliquer, nous trouvons :

H^2O	force contre électro-motrice 1,48:	chaleur 1,48 $\times$ 23		= 34.000
NaCl	»	4,23: » 4,23 $\times$ 23		= 97.000
$ZnCl^2$	»	2,10: » 2,10 $\times$ 23 $\times$ 2		= 97.000.

Ces nombres concordent parfaitement avec la pratique.

En employant ce coefficient, on peut avoir instantanément, dans les cas simples, la chaleur de combustion sans les nombreuses difficultés de l'emploi du calorimètre.

On peut enfin prévoir le voltage donné par certaines réactions chimiques, et vérifier des théories discutées ; ainsi en employant ce procédé, on voit que les réactions des accumulateurs basées sur les chaleurs du sulfate de plomb, mènent au voltage de 2,05 à 2,10, ce qui concorde parfaitement. L'intensité obtenue pourrait se vérifier par des dosages faciles à effectuer, d'acide libre.

Electrolyse. Charge des molécules décomposées. — Prenons comme exemple un cas bien étudié, l'électrolyse de l'eau.

La combinaison de l'hydrogène et de l'oxygène se fait vers 2000°, mais à ce moment une partie seulement des molécules d'eau est formée. Par contre, si nous prenons de la vapeur d'eau et que nous la portions vers 2000°, une certaine proportion de cette vapeur est décomposée en ses éléments ; si comme l'a fait Sainte Claire-Deville dans l'étude de la dissociation nous trouvons un moyen de séparer ces molécules, de les mettre chacune de leur côté ; elles ne pourront plus agir les unes sur les autres ; un nouvel équilibre s'établira parce qu'une nouvelle portion de molécules d'eau sera décomposée, et si nous opérons dé la même façon, à chaque fois, toute notre eau sera décomposée à la même température que celle à laquelle elle s'était formée. Cette décomposition sera plus ou moins facile, la pression venant excercer son action en sens contraire de celle de la chaleur. Seulement, dans tous les cas, il faudra restituer, fournir une énergie équivalente à celle que les 2 gaz auraient fournie en se combinant.

Dans l'électrolyse, pression et température vont de pair, dans le potentiel électrique. Si nous soumettons l'eau à l'action de ce potentiel, il pourra y avoir composition et décomposition comme en chimie, seulement il faudra, si nous voulons que la combinaison ne se fasse pas à nouveau, que nous séparions ces 2 gaz comme nous l'avons fait dans les expériences de Deville, par la diffusion.

Ici ce classement, l'électricité le fait d'elle-même. Si nous avons 2 molécules à même température, elles n'ont pas pour cela même énergie, à cause de leur variation de forme, cela est bien démontré par la différence des chaleurs moléculaires. Si nous les combinons, les énergies s'ajouteront, la nouvelle molécule aura la somme des énergies en jeu. Décomposons la par de nouvelles conditions, chacune des molécules prend, en quittant l'autre, une part d'énergie égale à celle de l'antagoniste ; l'une aura ainsi plus que ce qui lui revient dans le milieu où elle se trouve, l'autre aura moins. Qu'arrivera-t-il? Chaque molécule modifiera son ambiance autour d'elle, et le champ ainsi formé subira l'attraction des électrodes, de la positive ou de la négative, suivant l'énergie que la molécule a prise relativement à l'ambiance.

En somme l'action des électrodes, attirant chacune une catégorie de molécules décombinées, fait ce que le tube de Sainte-Claire-Deville, faisait, par la différence des vitesses de diffusion.

Quant à l'énergie empruntée, elle se traduira par une chute de pression, de potentiel.

ÉLECTRICITÉ DYNAMIQUE

Dans la charge électrique, telle que nous l'avons étudiée, c'est la matière qui joue le rôle prépondérant, c'est la matière électrisée qui passe son énergie en excès ou en défaut à des matérielles voisines. Ou encore c'est l'action moléculaire de l'aimant, qui domine ; l'éther n'est là-dedans que le transmetteur de ces énergies ; c'est l'état matériel qui agissait.

Ce que l'on étudie dans l'électricité dynamique, c'est le courant d'éther lui-même, la quantité de mouvement qu'il transporte avec lui. Car de même que les gaz peuvent recevoir et transmettre de l'énergie, d'un corps à l'autre, comme le faisait l'éther, de même les gaz peuvent circuler dans les tuyaux, dans l'atmosphère, dans la conduite de vapeur, et transporter de l'énergie, en quantité considérable.

Si dans une portion de l'espace, nous arrivons à donner à l'éther un excès de pression, comme nous le faisons pour la vapeur dans nos chaudières, l'éther va chercher à perdre cette pression ; si les molécules d'air, des parois mauvaises conductrices s'opposent à cette circulation, et que nous lui offrions au contraire une sortie facile, l'électricité, autrement dit, les molécules d'éther excédentes, trop serrées, vont profiter de cette issue, et vont circuler avec la vitesse énorme qui la caractérise, de 300 000 kilomètres par seconde.

Lorsque dans l'éther un corps vibre, il produit des oscillations, des ondes, qui se diluent de plus en plus, à mesure que la surface de la sphère décrite par l'onde augmente, dans notre cas, il n'en sera pas de même, car comme nous voulons en général garder cette quantité de mouvement et non la dissiper, nos conducteurs ont même section d'un bout à l'autre, comme cela notre courant ne se dilue pas, il garde toute sa valeur. Du moins, il devrait la garder, si notre conducteur était parfait, malheureusement il n'en est pas tout à fait comme cela, et si ce que nous appelons l'énergie augmente trop, nous avons des pertes croissantes dans notre fil.

Dans la pratique, pour avoir un courant continu, il nous faudra une source continue, car la circulation est si rapide que nos réserves s'épuiseraient bientôt.

PRODUCTION DU COURANT CONTINU

Anneau Gramme. Machine. Dynamo-électrique. — Le moyen réellement pratique d'obtenir l'électricité est la dynamo-électrique, dans laquelle un induit tourne continuellement au milieu d'un courant magnétique intense.

Voici d'après nos données comment on peut expliquer le fonctionnement de l'anneau Gramme qui peut servir de type et dont on n'a pas actuellement de théorie convenable.

Lorsqu'un mobile se déplace dans l'espace, sa force vive augmente proportionnellement à sa vitesse, il se contracte. Arrêtons-le brusquement. il se dilate, et augmente à la fois la densité et la vitesse de l'éther qui le baigne, nous créérons un courant momentané dans l'espace. Tant que la vitesse du mobile augmente, il absorbe de l'énergie, aux dépens de l'éther ; la pression moyenne peut s'augmenter par une répartition différente des quantités de mouvement, mais ces ondes mélangées nous donneraient un vide. Ainsi tant que la vitesse augmente, le mobile emmagasine de l'énergie, aux dépens de l'éther, les ondes mélangées, la pression qui leur était due tombe, et c'est à l'éther ambiant de donner ce que le mobile a absorbé de travail.

On a ainsi un courant d'éther qui s'établit du dehors vers le mobile, une sorte de courant, comme celui du magnétisme.

Ce courant, pour un projectile. l'ambiance le fournit, mais si nous pouvions dans cette ambiance trouver un endroit où l'air qui s'oppose à ces courants d'éther ne gêne pas, c'est dans cet endroit privilégié que le courant s'établirait de préférence. venant apporter à l'ambiance du mobile, lorsque les ondes se mélangent, la quantité de mouvement que celui-ci emprunte à l'éther.

Ce travail que le mobile emmagasine est faible relativement à la vitesse et nous ne pouvons courir après le mobile pour l'étudier et l'emmagasiner. Pour y arriver, il faut tourner la difficulté. Cette résistance qui donne le travail tant que l'équilibre n'est pas fait, nous pouvons l'augmenter ; de même sur un lac, la résistance est faible, mais si nous avons affaire à un fleuve rapide, la résistance, le travail à fournir, augmentent énormément, pour la même vitesse du bateau. Notre premier perfectionnement sera de faire circuler notre mobile dans un courant d'éther, et cela le magnétisme nous permet de le faire. Un conducteur se déplaçant de vitesse ou de direction dans un champ magnétique, engendre un courant.

Nous arrivons ainsi grâce à ce courant à créer dans notre matière une pression plus intense, pour une même vitesse, mais comme cette matière se déplace encore, il nous sera difficile de le constater. Nous pouvons encore tourner cette difficulté.

Supposons un courant d'éther, de gaz, d'eau, car le résultat est le même ; au milieu du courant, un point fixe, et autour de ce point fixe, sur 2 diamètres opposés, 2 mobiles A et B se déplacent, avec une vitesse constante.

De la part du courant, ces 2 mobiles éprouvent une surpression proportionnelle à leur vitesse propre, *dans le sens du courant seulement*, combinée à la vitesse *v* du champ ; ou proportionnelle à la densité, si le gaz près du pôle était seulement plus dense ; les 2 choses se combinant.

Si nous mesurons la pression exercée sur A, nous avons analytique-

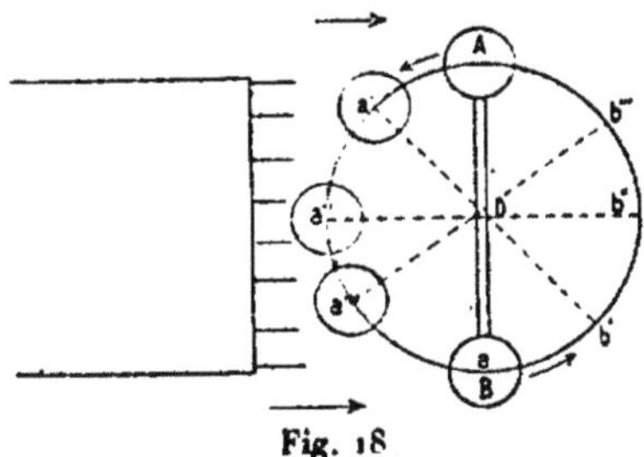

Fig. 18

ment, la courbe du sinus, l'avancement en $b'' = 0 =$ sinus 0, l'avancement en A est maxima $=$ sinus 90°, etc.

Mais si au lieu de mesurer la vitesse, nous mesurons les variations de vitesse d'un moment à l'autre, nous voyons que ces variations vitesses varient comme la différence des cosinus. Or le tableau suivant nous indique que cette vitesse est presque constante, pour les positions voisines de A et de B, près de 90°.

$$\cos 90 - \cos 85 = 0,087 \qquad \cos 0 - \cos 5° = 0,004$$
$$\cos 85 - \cos 80 = 0,087 \qquad \cos 5 - \cos 10° = 0,015$$
$$\cos 80 - \cos 75 = 0,087 \qquad \cos 10 - \cos 15° = 0,023.$$

C'est donc vers les situations a' et b' que les variations de vitesse en fonction du courant d'éther partant du pôle de l'électro-aimant seront maxima. Si nous faisons communiquer les mobiles comme A et B (enroulement en tambour), l'un A absorbe de la force vive, et nécessite un appel d'éther, l'autre B perd de sa force vive, augmente la pression de l'éther. L'un A absorbera aux dépens de l'ambiance, l'autre restituera mais si entre A et B nous établissons un conducteur, c'est-à-dire un chemin à circulation très facile pour l'éther, ce qui est de trop en B ira vers A ou le contraire.

Si B était entre O et A, le phénomène aurait lieu, car la différence des vitesses existerait, au lieu des vitesses contraires de l'enroulement en tambour, ce serait la base de l'anneau Gramme. Naturellement ce qu'on recueille est proportionnel au carré des différences de vitesse, comme $\cos^2 a$, $\cos^2 b$, etc. Ce qui fait que à droite ou à gauche des points A et B, le courant change assez brusquement, car l'énergie varie comme $[v^2 - v'^2]$, augmentant pour une même différence, avec la grandeur de v^2.

Pratiquement on dit que le courant est proportionnel à la variation du flux de force, ce qui revient exactement au même, cette variation étant représentée, par les variations de la surface de la sphère, par rapport à la surface du courant rencontré.

Piles. — Les piles transforment l'énergie chimique en courant continu. C'est donc une étude qui doit se faire avec celle de l'affinité chimique, à développer en même temps que la chimie.

NATURE, CARACTÉRISTIQUES DU COURANT CONTINU

Dans un ouvrage très répandu, l'électricité à la portée de tout le monde, M. Claude a comparé ce qui se passe en électricité, à la force hydraulique, sous différents aspects, on obtient ainsi des comparaisons intéressantes. Nous pouvons aller plus loin, et montrer que le courant électrique est absolument l'égal d'un courant de gaz, nous aurons seulement à tenir compte dans la comparaison que nous allons faire, de ce fait, que le tuyau de vapeur n'est pas à notre point de vue exactement comparable à notre conducteur, il y a une petite différence, facile à saisir.

Notre conducteur est composé d'une infinité de petits canaux accolés les uns aux autres, de sorte que si la texture de l'un amène une perte, la texture des autres amènera une perte identique, d'autant plus grande que nous opérons sur un plus grand nombre de ces canaux. Voilà une conception qui paraît étrange, en électricité, et pourtant la démonstration algébrique est bien facile. Ceci s'entend, par rapport à même voltage. La perte en échauffement dans nos conducteurs, en électricité pratique, c'est RI^2, mais on sait que $I = \dfrac{E}{R}$,
la perte est donc

$$R \frac{E^2}{R^2} \text{ ou } = \frac{E^2}{R}.$$

Or R, la résistance, présente l'inverse de la surface du conducteur S, doubler la surface, c'est diminuer de moitié la résistance, nous pouvons donc écrire que, à un coefficient près, $R = \dfrac{I}{S}$.

Remplaçant, on obtient comme évaluation de la perte en échauffement

$$\frac{E^2}{R} = E^2 \times S.$$

Cela veut dire que si nous voulons examiner ce qui se passe dans nos conducteurs, nous devons considérer, si nous augmentons le débit, que nous ajoutons à un conducteur de vapeur, deux, trois, dix conducteurs semblables, ce qui comme comparaison au point de vue des pertes n'est pas la même chose que si, pour la vapeur, nous remplacions 4 à 5 conduits par une seule de section équivalente.

Quant aux coefficients pratiques, qui tournent autour des 2 formules $I = \dfrac{E}{R}$ et travail $= RI^2$; ce sont de simples expressions algébriques, qui tiennent compte des coefficients pratiques, qui sont faciles à manier, mais qui ne donnent aucune idée de ce qui peut se passer dans la distribution électrique, si on veut discuter les phénomènes eux-mêmes, leurs causes, au lieu de se contenter de formules.

Je vais donc étudier le travail de l'électricité, sa distribution, en assimilant complètement l'éther au gaz le plus répandu comme force motrice, la vapeur d'eau.

Je vais d'abord faire l'étude en supposant un conducteur parfait, idéal, c'est l'étude de la distribution de la vapeur, sans les détours du tuyau, les fuites, etc.

MARCHE ET TRAVAIL DE LA VAPEUR	MARCHE ET TRAVAIL DE L'ÉTHER
Exemple : *Machine à vapeur à triple détente.*	Exemple : *Canalisation de lumière, 3 lampes en tension.*
—	—
Les chaudières entretiennent une différence de pression P atmosphères, entre le collecteur de vapeur et le condenseur.	Les machines entretiennent une différence de potentiel de E volts, entre les 2 pôles ou les 2 fils de la canalisation.
Si pour une pression de 1 atmosphère, il passe par unité de surface de tuyau. une certaine quantité de vapeur $= q$, pour N atmosphères, il passe à peu près N fois plus. Le débit augmente comme la pression.	Si pour une pression de 1 volt, il passe pour notre unité de surface de conduite inter-moléculaire, une certaine quantité I d'éther, pour N volts il passera N fois plus. Le débit augmente comme le voltage.
Si pour une même pression, nous avons une surface utile de conducteur N fois plus grande, il passera N fois plus de vapeur.	Si pour une même différence de potentiel nous avons un conducteur N fois plus gros, il passera N fois plus d'éther, donc proportion à la section.
Le travail que nous fournit la chaudière est donc comme la somme $S \times \text{Pression} \times q$	Le travail que nous fournit la source électrique, ou que nous empruntons à la canalisation, est donc $S \times E \times I$.
La vapeur après avoir agi sur chaque piston a produit un travail, et sa pression baisse en proportion, d'un cylindre à un autre.	Le travail que produit la pression dans chaque lampe fait baisser graduellement le voltage, et la pression E diminue avec chaque lampe traversée.

Les 3 éléments, surface, intensité, voltage, sont liés par les mêmes relations que celles des formules pratiques ; à la condition de remplacer S par $\frac{1}{R}$. Or on sait que la proportion est parfaite, et que la résistance diminue proportionnellement à la section ; plus S grandit, plus R diminue, et nos formules sont les mêmes, ceci pour un même conducteur.

Le même raisonnement nous donnerait l'analogie complète, en ce qui concerne la comparaison du dégagement de vapeur à ciel ouvert, où la circulation d'électricité se fait avec une pression E, et un réservoir indéfini, la terre, de potentiel o.

LA RÉSISTANCE

Nous n'avons considéré notre conducteur électrique que comme un tuyau, une canalisation de vapeur, laissant passer plus ou moins d'énergie. Mais il y a d'autres choses à considérer. La formule pratique de la résistance, tient compte dans une certaine mesure des phénomènes annexes qui gênent le passage de l'électricité, qui détruisent de l'énergie, et ceci est d'autant plus intéressant à étudier que dans le filament de charbon par exemple, c'est justement cette façon de consommer l'énergie qui nous intéresse.

Il y a d'abord dans notre comparaison avec la vapeur, des phénomènes semblables mais secondaires.

Notre vapeur perd par rayonnement du calorique, de l'énergie ; pour éviter cela nous devons rendre notre tuyau étanche à cette circulation d'énergie, et, bien que l'air ne soit pas un bon conducteur de la chaleur, nous enroulons autour du tuyau des isolants, des calorifuges. De même pour l'éther ; les molécules d'éther ont une vitesse différente de celle de l'éther ambiant, à chaque choc, elles échangent de la vitesse avec cette ambiance ; c'est ce que nous avons appelé le cheminement, la convection ; l'air s'y oppose, mais pas parfaitement. Aussi nous mettrons si la différence de vitesse est grande (courant de haut voltage) des matières non conductrices, la gutta-percha par exemple, qui s'oppose à ces échanges de vitesse, ou un isolant quelconque.

Pourtant toute notre ambiance perdra quelque chose, le câble sera encore entouré d'un champ, mais ce sera peu de chose.

Nous avons encore à considérer les pertes accidentelles, nos fuites de vapeur, ce sont nos dérivations partielles, les court-circuits plus ou moins importants.

La contre-pression de la résistance. — Mais il y a autre chose dans la résistance, dont notre tuyau de vapeur ne nous donnait guère l'idée, du moins dans la canalisation de vapeur pratique.

Pourtant nous pouvons trouver quelque chose d'analogue à ce qui va se passer en électricité, mais à une condition c'est, ou de nous rapprocher des faibles dimensions permettant aux actions moléculaires de se faire sentir, ou bien d'agir artificiellement sur notre tuyau, et par une sorte de sabotage industriel d'obtenir le même fait que nous constatons en électricité, la résistance moléculaire, sa contre-pression.

Dans les gaz matériels, si nous prenons des petits tuyaux, des tubes capillaires, le courant passe à peine, la réaction des parois intervient. Dans notre tuyau de vapeur, ajoutons un objet ; 2 résultats se font sentir, nous diminuons la surface du conducteur, la vapeur passera moins facilement ; ce que nous pouvons appeler la section utile a diminué. Mais en même temps, la vapeur, arrivant sur cet obstacle, le choque, revient sur ses pas, elle crée un remous, une contre-pression. Cet objet est en même temps nuisible et encombrant. Si dans un courant quelconque nous mettons des obstacles ; ainsi, nous diminuons l'écoulement, et celui-ci même finit par cesser ou par devenir infime.

Le même fait se passe en électricité, si dans du cuivre nous ajoutons de l'arsenic, la conductibilité baisse immédiatement. Si nous prenons un mauvais conducteur, et assez long, notre courant est arrêté, il ne passe rien.

Nous pouvons encore comparer notre canalisation électrique à cette canalisation de vapeur, ainsi modifiée volontairement.

<table>
<tr><td align="center">VAPEUR</td><td align="center">ÉLECTRICITÉ</td></tr>
<tr><td align="center">—</td><td align="center">—</td></tr>
<tr><td>I. Si dans une conduite de vapeur on introduit un corps étranger, on diminue le débit pour une égale pression. On a diminué la qualité de la conduite.</td><td>Si, dans une conduite électrique, le conducteur a des molécules mal alignées, le débit à voltage égal est diminué. La résistance spécifique a augmenté.</td></tr>
<tr><td>II. Les obstacles rencontrés par la vapeur, créent des remous qui créent une contre-pression : perte d'énergie augmentant avec le courant.</td><td>Ces obstacles créent une contre-pression qui détruit une partie de la valeur du courant. La vitesse augmentée par la vibration de l'obstacle, dégage de la chaleur, augmentant avec le courant.</td></tr>
</table>

Ainsi ce qui caractérise la résistance, ce n'est pas seulement d'être un obstacle, de diminuer la surface disponible à la circulation, mais encore c'est une contre-pression qui est créée, et elle est variable.

C'est qu'en effet l'obstacle en question n'est pas inerte, il agit par ses vibrations, plus la pression est grande, plus sa vibration a d'énergie, la vitesse augmente et par conséquent la chaleur. Le résultat est un courant qui va dans le sens contraire du premier et tend à l'annuler. Et cette action, ce contre-courant, est proportionnel à la pression qui agit sur l'obstacle, et au nombre des molécules parasites qui, lui, est proportionnel à la surface.

Ainsi plus le fil est gros, plus pour une même pression nous avons de molécules gênantes, de surface nuisible, plus la longueur augmente, plus ce nombre augmente, et cela est encore vrai pour les pressions croissantes.

Notre contre-pression agit donc, comme

$$S \times l \times \text{pression}.$$

Ce qui reviendra à ceci, la force perdue augmente avec la section qui détermine l'intensité, donc comme l'intensité, la longueur, la pression et proportionnellement, pour chaque corps, au nombre de molécules vibrantes s'opposant au passage, proportion qui en pratique détermine la résistance spécifique. Nous retombons ainsi sur RI^2 formule pratique.

Si le conducteur chauffe, la vitesse de vibration des obstacles augmente, donc la valeur du contre-courant ; c'est ce que l'on constate ; à moins de modifications moléculaires importantes. Pratiquement la résistance des conducteurs augmente avec la température. Ce qui se passe dans un conducteur quelconque soudé à une source électrique est simple à prévoir ; la contre-pression s'oppose au courant à la mise en charge du conducteur, mais son action diminue avec la vitesse du courant, elle finit par devenir très faible, donc le conducteur se mettra à un potentiel égal, à peu de chose près à celui de la source, un courant très peu intense le traversera afin de combattre les pertes par convection qui se produiront forcément, mais ce sera peu de chose pour les bons conducteurs. Pour les mauvais conducteurs, le courant rencontre des obstacles très grands, ce qui peut passer ne suffit pas à combattre les pertes qui se produisent, on aura un courant insensible ou nul et à quelque distance de la source le conducteur ne sera plus chargé, nous retombons sur l'isolant, sur le condensateur.

Self-induction. — Lorsque le courant passe dans une conduite de gaz, de vapeur, il exerce une pression sur les parois ; ceci qui est négligeable pour la vapeur ne l'est pas en électricité ; les molécules qui, dans nos conducteurs, reçoivent l'action du courant, diminueront de volume, en subissant une pression qui sera détruite par les molécules voisines.

En diminuant de volume, elles absorbent de l'énergie, de la même façon que le mobile qui se déplace dans l'air, et cela dure tant que le courant va croissant d'intensité, une fois celui-ci devenu régulier, ayant sa valeur définitive, aucune absorption n'a lieu. De même dans la force vive, l'emmagasinement de travail ne se produit que par les variations de la vitesse.

Supprimons la pression, il se produit le même effet que pour la force vive : augmentation de volume, la vitesse de l'éther augmente, nous retrouvons un courant, les molécules restituent ce qu'elles ont emmagasiné.

CHAPITRE IX

—

ATTRACTION UNIVERSELLE

Il est hors de toute qu'un corps matériel quelconque, placé sur terre ou aux environs est attiré vers le centre de la terre; mais cela démontre-t-il que ce phénomène soit universel et qu'il puisse expliquer l'harmonie de la nature, l'équilibre des astres.

La première conclusion de l'attraction, c'est la chute des astres les uns sur les autres, tous tombant vers le centre de gravité du système. Comme ce phénomène ne se produisait pas, il a fallu trouver une explication, et c'est la force centrifuge.

Si en effet un astre comme la lune obéit à la pesanteur terrestre, il doit obéir aux 2 lois de la chute des corps $v = \gamma t$ et $e = \frac{1}{2}\gamma t^2$. Connaissant t, l'espace, ici, la distance lune-terre est parfaitement déterminée, la vitesse aussi, et le quotient des deux doit redonner à peu de chose près le 3,14 rapport de la trajectoire presque circulaire de la lune au diamètre de l'axe.

J'ai fait ce calcul qui a été publié au congrès scientifique de 1909, il est parfaitement exact; le temps de chute est simplement le $\frac{1}{4}$ de la lunaison.

Si la lune n'atteint pas la terre, ce n'est pas parce qu'elle ne tombe pas, c'est parce que le but, la terre, s'est dérobé, comme le soleil se dérobe quand nous tombons vers lui.

Mais alors pourquoi les étoiles ne tombent-elles pas les unes sur les autres; et même si elles tournaient autour de quelque centre de gravité, formant des systèmes, ceux-ci devraient se réunir en une seule masse. Or ceci n'est pas, et l'expérience démontre que les étoiles sont indépendantes les unes des autres, et vont dans toutes les directions, des étoiles relativement voisines se tournant le dos. La réalité donne donc dans ce cas un démenti formel à la loi de Newton, qui règne depuis deux siècles, et le système qui règle le monde n'est pas l'attraction universelle, celle-ci n'étant qu'un cas très particulier.

Or les conclusions auxquelles j'arrivais ne concordaient nullement avec la loi de Newton, mais elles expliquent parfaitement les phénomènes observés et l'équilibre des astres, et elles mènent à ceci, c'est que la loi mondiale est la répulsion universelle, qui règle les relations des systèmes stellaires entre eux, l'attraction ou pesanteur étant un phénomène purement local. C'est-à-dire que les systèmes différents doivent être considérés comme des champs électriques de même signe, se repoussant mutuellement; tandis que, dans chacun de ces systèmes, c'est l'attraction qui domine. Et ceci est parfaitement conforme non seulement à ce qui se passe dans le monde, mais encore à l'expérience elle-même. — Deux champs électriques de même nom se repoussent, mais si vous les approchez suffisamment, ils s'attirent. — On a même trouvé une raison qui a l'air d'expliquer le fait: on suppose que chaque masse induit dans l'autre une certaine quantité d'électricité, ce qui modifie tout ce qu'on avait dit auparavant.

Examinons maintenant ce qui doit se produire dans notre théorie, et si le principe de l'action et de la réaction, que la pesanteur paraissait négliger est mieux respecté.

Si dans un espace d'éther donné on introduit des particules matérielles, les vibrations de celles-ci augmentent la vitesse de vibration moyenne de l'éther, et comme contre-partie, la pression exagérée qui en résulte amène une compression de la matière, qui absorbe un peu de la quantité de mouvement momentanément fournie. Un équilibre s'établit, et notre matière vibre dans un éther de vitesse très grande mais qui a perdu de sa quantité de mouvement; quantité gagnée par la matière, en compression, en force élastique. Il n'y a eu aucun travail effectué, mais une répartition différente; l'éther a perdu quelque chose, la matière a gagné; la quantité d'énergie dans la nature est restée la même, elle s'est répartie autrement.

Cet excès de vitesse de l'éther, de quoi dépend-t-il ? de la proportion de matière vibrante, de la masse, et aussi de la vitesse primitive, qui, elle, dépend des masses de matière voisine; c'est-à-dire que les masses de matière de la superficie du sol modifient l'éther ambiant, celui de l'espace, alors que les matières plus profondes modifient encore cet éther là, en augmentant la vitesse, et en diminuent encore la quantité de mouvement, par rapport à l'éther normal.

Nous retrouvons ainsi les mêmes phénomènes que nous avons étudiés, à l'électricité, c'est-à-dire des particules de matière baignant, immergées dans un éther de peu de quantité de mouvement, elles subiront une vibration dans de l'éther peu énergique, et si d'un autre côté, de la face tournée vers l'extérieur, elles sont en contact avec un éther de même pression, mais de plus grande densité, elles subiront une pression vers ce centre. Cette pression sera proportionnelle à la décroissance de la densité de l'éther. Plus nous nous éloignerons du point central de la masse qui a créé le champ, plus la vitesse excédente diminue, pour une même distance, et par conséquent pour un même volume de la molécule, la différence de l'action de l'éther devient insignifiante : la pesanteur diminue.

Mais toutes les molécules vibrent, toutes les étoiles sont dans le même cas que notre soleil, elles constituent ainsi ce que nous avons appelé, puisque l'énergie de l'éther a diminué, un champ électrique négatif, et comme en électricité, si les molécules d'un champ s'attirent lorsqu'elles sont groupées les unes près des autres, les champs eux-mêmes se repoussent. Expérimentalement deux champs négatifs se repoussant, approchés l'un près de l'autre, nous obtenons une attraction.

En effet : une molécule est attirée vers le centre du champ avec une énergie qui diminue graduellement, comme le carré de la distance, la force qui dans notre figure pousse m vers M, devient bientôt infiniment petit.

Or nous savons que si nous mélangeons 2 éthers de vitesse V et V', différentes, nous avons un vide, d'autant plus grand que V — V' est plus

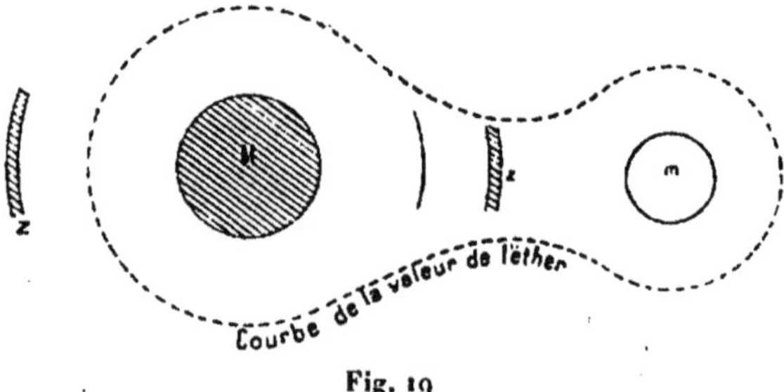

Fig. 19

prononcé. Prenons donc 2 zones, Z et z, dans ces zones, les molécules d'éther d'une couche à l'autre se mélangent, produisent donc un vide partiel, et ce vide sera comblé par les apports des portions voisines; or la différence de vitesse d'une couche à l'autre pour la même épaisseur est plus grande en Z qu'en z, par conséquent le vide relatif produit en Z et l'attraction qui en résulte est plus grande qu'en z, et toute la masse éthérée de M et de son système sera poussée vers Z avec plus de force que vers z. Donc le vide, l'espace, l'éther, attireront M du côté opposé de m, la dépression l'emporte, les champs se repoussent, car on aurait pour m le même raisonnement à tenir.

Ainsi l'attraction qui se produit dans un système a pour corrélation une répulsion proportionnelle. La répulsion agit entre les systèmes d'étoiles et domine l'univers, l'attraction au contraire l'emporte dans chaque système.

Il y a en astronomie un autre phénomène complètement différent qui vient corriger un des facteurs qui agissent sur l'attraction et la répulsion, mais dont je ne veux pas parler pour le moment, et qui sert en quelque sorte à les graduer.

L'attraction en agissant peut ensuite créer du travail, force vive, température, mouvement, mais cette attraction ou pesanteur existe de par le fait même de la vibration, indépendante de la température, etc.

PESANTEUR

C'est naturellement l'attraction universelle appliquée à notre planète.

Un corps quelconque reçoit du côté opposé à la terre un plus grand nombre de chocs, ou vibre dans un éther légèrement plus dense, et subit ainsi une pression.

Cette différence de pression est absolument infime, la superficie d'un décimètre cube de matière est de l'ordre des kilomètres carrés, en tenant compte de la petitesse des molécules, la pression est de l'ordre des trillions d'atmosphères, la force de la pesanteur est ainsi un infiniment petit vis-à-vis de l'action de l'éther.

Cet excès de pression est ce que nous appelons la pesanteur; elle correspond sur la molécule à N chocs d'éther vitesse V de supplément. Si cette pression commence à agir, elle va augmenter la quantité de mouvement de la molécule, qui va se fixer dans la molécule, sans forme de force vive.

Si la vitesse de chute v s'accélère, cela est si peu de chose vis-à-vis de la vitesse des molécules d'éther que le nombre des chocs varie peu, relativement, tandis que leur utilisation augmente comme la vitesse de chute, très vite.

L'augmentation de la force vive, vient ainsi de la quantité de mouvement emprunté à l'éther, et variant avec la vitesse, le nombre de chocs excédents de l'éther étant constant, cette pesanteur fournit le travail que nous serions obligé de donner pour mettre une pierre en mouvement, par exemple.

Le tableau suivant, pour éviter les formules algébriques montre bien que l'augmentation de force vive est proportionnelle à v., et proportionnelle à l'espace parcouru.

Temps	Vitesse	Force vive	Vitesse moyenne	Gain de force vive	
0	0	0	5^m	50	$v \times 10$
1^s	10^m	50			
2^s	20^m	200	15^m	150	$v \times 10$
3^s	30^m	450	25^m	250	$v \times 10$
»	»				
8^s	80^m	3 200			
9^s	90^m	4 050	85^m	850	$v \times 10$
10^s	100^m	5 000	95^m	950	$v \times 10$

Quant à la pression comme force, elle se trouve, grâce aux densités de l'éther variant avec le centre attractif, comme se trouve le corps plongé dans un liquide c'est le principe d'Archimède appliqué à l'éther.

L'UNITÉ DE TRAVAIL. LE KILOGRAMMÈTRE

Une molécule est en équilibre dans l'espace, et se déplace de 1 mètre par seconde, dans le sens horizontal, — vitesse constante, donc travail nul.

Mais si elle s'élève dans le sens vertical, d'un côté elle reçoit N chocs de plus que de l'autre côté, au lieu de M chocs, c'est (M + N) à la partie supérieure. L'action des M chocs se détruisant mutuellement, une fois l'équilibre établi, en se déplaçant, la molécule devra, si sa vitesse est v 1 mètre, donner par chaque choc supplémentaire, une accélération de vitesse de 2 v, à la molécule d'éther.

Pour N chocs supplémentaires de vitesse quelconque, avec une vitesse de la molécule de v, m la masse d'une molécule d'éther, le travail est 2 Nmv.

Doublons, triplons v, le travail par choc double, triple. Mais le nombre des chocs augmente-t-il dans la même proportion, non car cette augmentation augmente seulement comme les rapports des vitesses. Pour V il était N, pour $[V + v]$ il est $N \times \dfrac{V + v}{V}$.

Le nombre de chocs est donc constant, car v est négligeable devant V, alors que le travail par choc augmente comme v c'est-à-dire pour un même temps, comme l'espace parcouru.

Ainsi le travail à faire pour lutter contre la pesanteur augmente comme la vitesse pour le même temps, ou comme l'espace parcouru. De là notre unité de travail, le kilogrammètre.

Si la pression plus grande venait de ces chocs supplémentaires, la pression serait au travail, comme $\dfrac{V}{v}$, pression énorme, relativement aux kilogrammètres, alors que l'on sait que le rapport pression à travail est donné par le rapport du poids à la masse, $\dfrac{1}{9{,}80}$.

La véritable cause, et cela concorde avec ce que nous avons dit des champs électriques et de l'attraction universelle, c'est que la densité augmente à mesure que l'on s'éloigne du centre de gravité. En allant du côté de la densité croissante, le nombre de chocs augmente, sans que la pression augmente dans ce rapport $\dfrac{V}{v}$ qui est très grand, mais en même temps, la vitesse diminue pour l'éther, réduisant le rapport de la pression au travail effectué.

Or la pression exercée sur les molécules composant le kilog., se mesurerait par un chiffre d'une quarantaine de zéros ; on voit que la différence de composition de l'éther n'a pas besoin d'être grande pour nous donner la différence de pression que nous enregistrons.

PHÉNOMÈNES DU TUBE DE GESSLER

Les phénomènes observés, avec les variations du degré de vide, ont donné lieu à beaucoup de travaux scientifiques.

Tout d'abord nous pouvons avoir des perturbations causées par les parcelles métalliques qui peuvent se détacher des électrodes et qui, mais avec moins de régularité, se conduiraient d'une façon analogue à celle des molécules gazeuses.

On a enfin, et c'est là le principal, l'effet du courant électrique sur les molécules.

Lorsque le courant passe, et pour cela il faut que les molécules d'air aient été suffisamment raréfiées, puisque nous avons vu qu'elles conduisent mal, qu'elles s'opposent au passage de l'onde d'éther, en se comprimant sous son action et réagissent en sens contraire. Mais diminuant cette résistance, nous sommes dans le cas du nuage électrique, qui arrivant à vaincre la contre-pression de l'air, voit le courant électrique s'amorcer, s'accélérer, et se terminer un moment après par la décharge disruptive. Nous sommes en présence d'une suite de décharges disruptives.

Quel sera l'effet sur les molécules gazeuses. Celles-ci vont atteindre une grande vitesse. L'avant de la molécule va être très comprimé, donnera des vibrations de très grande fréquence, c'est-à-dire virant de plus en plus vers le bleu, les molécules de l'arrière, seront au contraire à grande vitesse moyenne à grande amplitude, mais à moins de fréquence, elles vireront plutôt vers le rouge.

Ce courant d'éther qui entraîne ces molécules donnera lieu aux mêmes phénomènes que le courant électrique dans le conducteur. La distance qui sépare les molécules les unes des autres dans le sens de leur mouvement, leur espacement les unes des autres circonscrivent des espaces analogues à nos canaux intermoléculaires des conducteurs, seulement, ces espaces vides sont à chaque instant coupés, modifiés par les mouvements des molécules gazeuses. Ce champ raréfié est relativement conducteur, bien plus que l'air environnant, nous sommes ainsi dans le cas du conducteur métallique. Le courant a la même valeur I dans tout le tube, mais là où le tube se rétrécit, comme là où le conducteur devient plus mince, l'énergie qui circule à surface égale augmente, et les phénomènes calorifiques et lumineux du conducteur se trouvent exagérés. Dans le tube de Gessler, la lumière émise sera plus intense à surface égale dans les rétrécissements que dans les parties larges.

Ces phénomènes, nous les retrouverons aux aurores boréales.

Il y a à côté de cela des phénomènes qui, longtemps inaperçus, sont devenus tout à coup très importants : les rayons cathodiques, etc.

Lorsqu'un diapason, une corde vibrante a reçu une pression, il vibre, donne des ondes sonores, en cherchant à reprendre son équilibre.

La molécule matérielle, l'atôme, donne des vibrations et des ondes, lumineuses, calorifiques, etc. Le même phénomène se reproduit plus en grand, pour le corps lui-même, assemblage de molécules, réunies ensemble, vibrant synchroniquement, si on les comprime, non pas dans un sens, comme le diapason, mais dans la masse même, en plongeant les molécules dans un éther surcomprimé ou déprimé, qui agit sur toutes les molécules par la pression, et en changeant les longueurs d'ondes la répartition de l'arrangement intérieur du corps, par conséquent.

Dans l'air, lorsque nous avons dépassé la limite de compression du corps électrisé, nous avons une onde hertzienne, qui s'étend dans tous les sens, comme une onde lumineuse. Le parcours de la vibration est grand, l'amplitude grande, la longueur d'onde relativement énorme, la fréquence se chiffre par milliards de vibrations par seconde.

Se dispersant dans tous les sens, les ondes voient leurs propriétés du début s'amoindrir rapidement, comme le carré de la surface émettrice. La valeur des perturbations de l'onde, si elle était 1, pour une boule de 1 centimètre, à la superficie, serait déjà à 10 centimètres, de l'ordre des centièmes. Cette onde qui n'a presque plus de force ne reprendra quelque valeur, comme dans la télégraphie sans fil, que si elle agit sur de grands espaces, un réseau métallique, comme les antennes des récepteurs.

Mais si cette onde se produit dans un vide relatif, comme un tube Gessler, la résistance de l'air est considérablement diminuée, la fréquence, l'amplitude de la vibration de la paroi émettrice sont modifiées. Les ondes iront bien un peu dans l'atmosphère ; mais quel chemin prendront-elles ; de préférence, le chemin le plus commode, de moindre résistance, nos ondes, nos molécules à vitesse modifiée, vont suivre notre tube de peu de résistance relativement, et comme ce tube est cylindrique, que sa section du moins ne varie pas comme l'espace avec le cube de la distance au point d'émission, mais seulement comme la section de celui-ci, nous nous trouverons en présence de molécules d'éther, à vitesse modifiée, et conservant leur différence de vitesse.

Les vitesses $V + v$ et $V - v$ des 2 ondes positives ou négatives resteront semblables à elles-mêmes, du moins pendant un certain temps. Nous sommes ainsi en présence d'ondes hertziennes ou de vibrations de même genre, mais conservant plus longtemps leurs valeurs respectives au lieu de se noyer de suite dans l'ambiance, ne gardant que les traces d'énergie, que les antennes recueillent.

Quelles seront les propriétés de ces rayons.

La fréquence des ondes est de l'ordre des milliards par seconde.

L'amplitude est une valeur, une fonction, non de la molécule, mais du corps lui-même, c'est une fraction très petite, soit, mais elle n'est plus comme pour les atomes, de l'ordre des dix millionièmes de millimètre.

Or 1 centième de millimètre d'amplitude pour 100 milliards d'oscillations par seconde donne des vitesses qui à certains moments, aux maxima sont de l'ordre des millions de mètres.

Des oscillations imperceptibles, de fractions de millimètre nous donneront alors des vitesses considérables pour la paroi oscillante, ce ne sont plus des valeurs négligeables, vis-à-vis de la vitesse de l'éther, mais des quantités de même ordre. Nous sommes comme transportés dans un autre monde, au point de vue de l'éther.

Nous aurons donc dès ce moment à constater la présence de particules d'éther à vitesse $V + v$ et $V — v$, bien différentes de V ; par conséquent si nous revenons à ce que nous avons dit, ces molécules soumises à un champ magnétique, de vitesse peu différente de V, seront divisées en 3 parties ; les portions les plus lentes seront déviées proportionnellement à la différence de vitesse avec la valeur de l'éther qui entre en contact, et avec le nombre de chocs subis pour un même parcours, soit comme le carré de cette différence de vitesse.

Au contraire, les molécules à vitesse exagérée seront déviées de l'autre côté, car au choc elles perdront de la quantité de mouvement, et pour les mêmes raisons que pour l'autre, la déviation sera diminuée, d'une moindre quantité, le temps de passage étant plus court.

D'un côté les corps recevront alternativement, la pression normale, puis les pressions positives ; donc rayon positif.

Le rayon dévié apporte sur les molécules en contact, des ondes négatives alternant avec la pression normale ; on a affaire à un rayon dit négatif très dévié.

Enfin au milieu les alternatives des résidus non déviés donneront un rayon presque normal.

Nous pouvons prévoir autre chose : le rayon positif va tendre à empiéter sur le négatif, et tous deux à se mélanger. S'ils passent dans l'air, ce sera autre chose, ils se mélangeront rapidement à l'ambiance, ils se dissoudront, ou du moins, ces vitesses si différentes de l'éther qui les caractérisaient se rapprocheront de la vitesse normale, comme rayons ils pourront continuer leur route, mais leurs caractères qui nous permettaient de les suivre, sont supprimés.

Enfin une autre conséquence sera l'entraînement des molécules gazeuses ; celles-ci pourront atteindre des vitesses considérables ; leur force vive ne sera pas augmentée en proportion, car dans la force vive, la valeur n'est proportionnelle à la vitesse, par notre formule ordinaire, que si l'éther ne change pas, ce sont d'autres formules qui seront applicables ; mais enfin la vitesse de ces molécules sera augmentée en moyenne, leur valeur de choc bien plus grande.

Il y a d'autres conclusions à en tirer, d'ordre chimique, des variations de colorations dues aux modifications de pressions sur les molécules. — Les rayons du radium, α, β, γ s'expliquent de la même façon. On a prétendu que sous l'influence du radium et de ces actions, capables d'une influence moléculaire énorme, le cuivre avait pu devenir lithium et potassium. C'est la composition qui se trouve dans le chapitre de l'unité de la matière, correspondre à la formation de l'atome cuivre; — lithium, sodium et potassium.

AURORES BORÉALES

La zone torride reçoit pendant la journée une quantité de chaleur, d'énergie beaucoup plus grande que pendant la nuit. Donc dilatation moyenne, plus ou moins augmentée ou diminuée, suivant les conditions locales et les courants. Résultats : dilatation, augmentation de pression, augmentation de la hauteur de l'atmosphère.

Lorsque le refroidissement se fait, certaines zones, comme Z, auront à subir une dépression égale, plus forte même que sous l'équateur. Donc

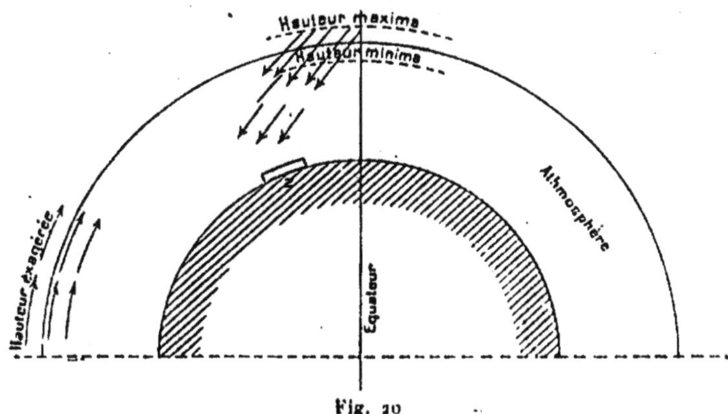

Fig. 10

de Z un courant se dirigera de la zone équatoriale, pour combler ce vide, et ce courant dans les hautes portions de l'atmosphère donnera aux molécules des propriétés analogues à celles des tubes de Gessler, l'atmosphère étant raréfié, mais si toutes les couleurs sont mélangées ou si l'action n'est pas trop forte, on ne verra rien, ou une clarté diffuse.

Par contre, le courant entraînera un appel du côté des zones glaciales où l'atmosphère se trouve avoir une hauteur plus grande que la hauteur maintenant diminuée de la zone équatoriale. Donc des hautes régions de cette atmosphère glaciale, possédant maintenant un excès de pression et d'énergie, un courant à la fois d'éther et de molécules gazeuses va se diriger vers l'équateur. Le spectateur de la surface terrestre verra ces molécules se déplacer plus ou moins vite suivant les remous aériens, et dans le sens de leur déplacement, non plus perpendiculairement comme dans la zone *z*. Les couleurs s'il s'en produit ne se mélangeront pas.

Le passage de ces nappes gazeuses entraînera, naturellement, des compressions d'éther; des ondes. Nous aurons un orage magnétique, et dans les hautes régions des lueurs analogues à celles du tube de Gessler, l'aurore polaire, et plus près de l'équateur, nous pourrons avoir d'autres phénomènes, en compensation; cela pourra être l'origine de la lumière zodiacale, par exemple.

TABLE DES MATIÈRES

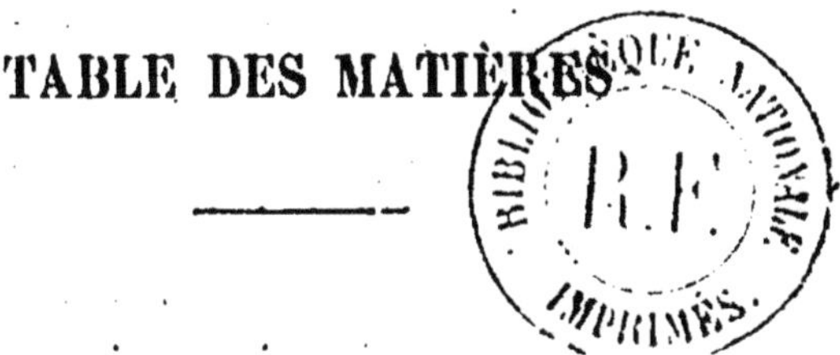

CHAPITRE PREMIER

Généralités.

CHAPITRE II

La matière; unité de la matière.

CHAPITRE III

Etude des fluides.

CHAPITRE IV

Déplacement des corps dans l'éther. Force vive.

CHAPITRE V

Physique de l'éther.

CHAPITRE VI

Les vibrations de la matière ; leurs conséquences.

CHAPITRE VII

Application des vibrations.

CHAPITRE VIII

Electricité.

CHAPITRE IX

Attraction universelle

SAINT-AMAND (CHER). — IMPRIMERIE BUSSIÈRE.

Documents manquants (pages, cahiers...)
NF Z 43-120-13

www.ingramcontent.com/pod-product-compliance
Ingram Content Group UK Ltd.
Pitfield, Milton Keynes, MK11 3LW, UK
UKHW022225120726
13694UKWH00002B/700